常见水果和豆类识别图鉴

Kou'an Changjian Shuiguo
he Doulei Shibie Tujian

主　编◎陈伟琪
副主编◎王鸣晓　吴佳兴　黎财慧

SPM 南方出版传媒
广东科技出版社｜全国优秀出版社
·广　州·

图书在版编目（CIP）数据

口岸常见水果和豆类识别图鉴 / 陈伟琪主编. —广州：广东科技出版社，2019.1
ISBN 978-7-5359-7023-7

Ⅰ. ①口… Ⅱ. ①陈… Ⅲ. ①水果—国境检疫—识别—中国—图解②豆类作物—国境检疫—识别—中国—图解 Ⅳ. ① S666-64 ② S52-64

中国版本图书馆 CIP 数据核字（2018）第 241726 号

口岸常见水果和豆类识别图鉴
Kou'an Changjian Shuiguo he Doulei Shibie Tujian

责任编辑：罗孝政 区燕宜
封面设计：柳国雄
责任校对：李云柯 罗美玲
责任印制：彭海波
出版发行：广东科技出版社
（广州市环市东路水荫路 11 号 邮政编码：510075）
http：//www.gdstp.com.cn
E-mail：gdkjyxb@gdstp.com.cn（营销）
E-mail：gdkjzbb@gdstp.com.cn（编务室）
经 销：广东新华发行集团股份有限公司
印 刷：广州市岭美彩印有限公司
（广州市荔湾区花地大道南海南工商贸易区 A 幢 邮政编码：510385）
规 格：889mm×1 194mm 1/16 印张 12.5 字数 250 千
版 次：2019 年 1 月第 1 版
2019 年 1 月第 1 次印刷
定 价：108.00 元

《口岸常见水果和豆类识别图鉴》编委会

主　任：黄新民

副主任：陈德镁　乐海洋　胡汉军　刘　勇

委　员：邓曦明　庄建春　王遇春　张建军　莫晓凤　廖　力
李书香　冯　欣

主　编：陈伟琪

副主编：王鸣晓　吴佳兴　黎财慧

编　者：李建湘　檀竹霞　赵　云

摄　影：吴佳兴　王鸣晓　陈伟琪　李建湘　丘燕燕　孟　兴
张　茹　肖　琼　刘盛楠　刘鑫沛　伍玉燕　孙晓东

随着我国经济的发展，人们从事跨境商务、劳务以及旅游观光等活动变得日益频繁，2017 年我国出入境人员就达 5.98 亿人次。由于进境旅客来自世界各地，携带的行李物品多种多样，这给海关口岸查验识别带来了不少的难题，根据《中华人民共和国进出境动植物检疫法》的规定，有些物品还是我国禁止携带、邮寄进境的动植物及其产品。据统计，我国第一大陆路旅客口岸——拱北口岸 2017 年截获禁止进境的动植物、动植物产品约为 6.8 万批次，其中有 80% 为植物及植物产品，以水果、豆类、蔬菜居多。为了能更好地对上述物品进行查验识别，本书结合我国口岸多年来旅检截获的实际情况，收录了进境旅客经常携带的水果 113 种以及豆类 23 种，每一个种类都列明了常用中文名、拉丁学名、常见度、图片、英文名、中文名、分类地位、特征及主要产地等信息，拍摄照片近 500 幅，并列出了历年来从截获的水果和豆类中检出的检疫性有害生物疫情信息。

该书内容切合海关口岸查验工作实际，是口岸历年查验工作相关成果的一次集中展现，是海关关员用忠诚、汗水和智慧孕育出的成果，更是海关关员主动作为、严把国门的创新之举。该书可以作为海关口岸查验的工具书，其对口岸进境旅客行李物品监管、进境邮寄物品监管、货物监管以及实验室检疫来说，都有很好的参考意义，是宝贵的第一手资料。同时，本图鉴还兼具科普性，它的出版为读者了解海关的口岸查验工作、外来有害生物传带情况以及多彩的植物世界打开了一扇窗户，有助于增强公众的国门生物安全意识，为建设美丽中国而共同努力！该书的出版得到了拱北海关领导的大力支持。当前

正处在国务院机构改革之初，海关总署指出“改革后海关的职责更宽广，队伍更壮大，海关事业将进入一个崭新的发展阶段”。相信在今后的实际工作中，该书将成为海关关员执法监管的好帮手，为建设中国特色社会主义新海关发挥出应有的作用！

本图鉴倾注了编写人员大量的心血，凝聚了为之提供帮助的朋友们的热情，十分不易。感谢拱北口岸的海关关员们以及向本书提供过帮助的朋友们，拱北海关张卫东、徐淼锋、郑志刚，无锡海关宫文妮，嘉兴海关刘鹏程，华南农业大学郑明轩博士，云南省农业科学院热带亚热带经济作物研究所胡发广副研究员，珠海张建芳，广东科技出版社罗孝政等。拱北海关丘燕燕提供了空心泡照片，成都海关驻邮局办事处孟兴提供了刺黄果的照片，徐州海关张茹提供了糖棕的全果、横切照片，泉州海关肖琼提供了香波罗蜜照片，温州海关刘盛楠提供了牛蹄豆种子照片，澳大利亚刘鑫沛博士提供了指橙照片，广州伍玉燕提供了刺篱木果照片，珠海孙晓东提供了红酸枣照片，庄艳辉提供了刺果番荔枝果实。

由于编者水平有限，难免存在疏漏之处，敬请广大读者批评指正！

编　　者

2018年11月27日于珠海

图例

常用中文名
拉丁学名
常见度
编号
F04
蛇皮果
Salacca zalacca (Gaertn.) Voss
★★
主要示例图
比例尺
5 cm
辅助说明图
相关信息
英 文 名 Salak，Snake fruit。
中 文 名 栽培蛇皮果 *、蛇皮果、沙叻（读音：[lè]）等。
分类地位 棕榈科，蛇皮果属。
特 征 果实球形、陀螺形或卵球形，大小与无花果类似，顶端具残留柱头，外果皮薄，有覆瓦状反折的鳞片，鳞片顶尖光滑或呈刺状尖，中果皮薄，内果皮不明显；种子长圆形、球形或钝三棱形，1~3 颗。
主要产地 亚洲（印度尼西亚、苏门答腊岛、马来西亚、中国、印度）。

说明：

常见度是以拱北口岸截获该种类次数为依据，以“★”表示，最常见为“★★★”，依次递减。

辅助说明图为剖果图、种子图、放大细节图或其他常见品种图等。

中文名中带 * 的是中文正名。

目录

水果篇

◎ 仁果类

◎ 核果类

◎ 柑橘类

◎ 瓜果类

◎ 浆果类

◎ 其他水果

豆类篇

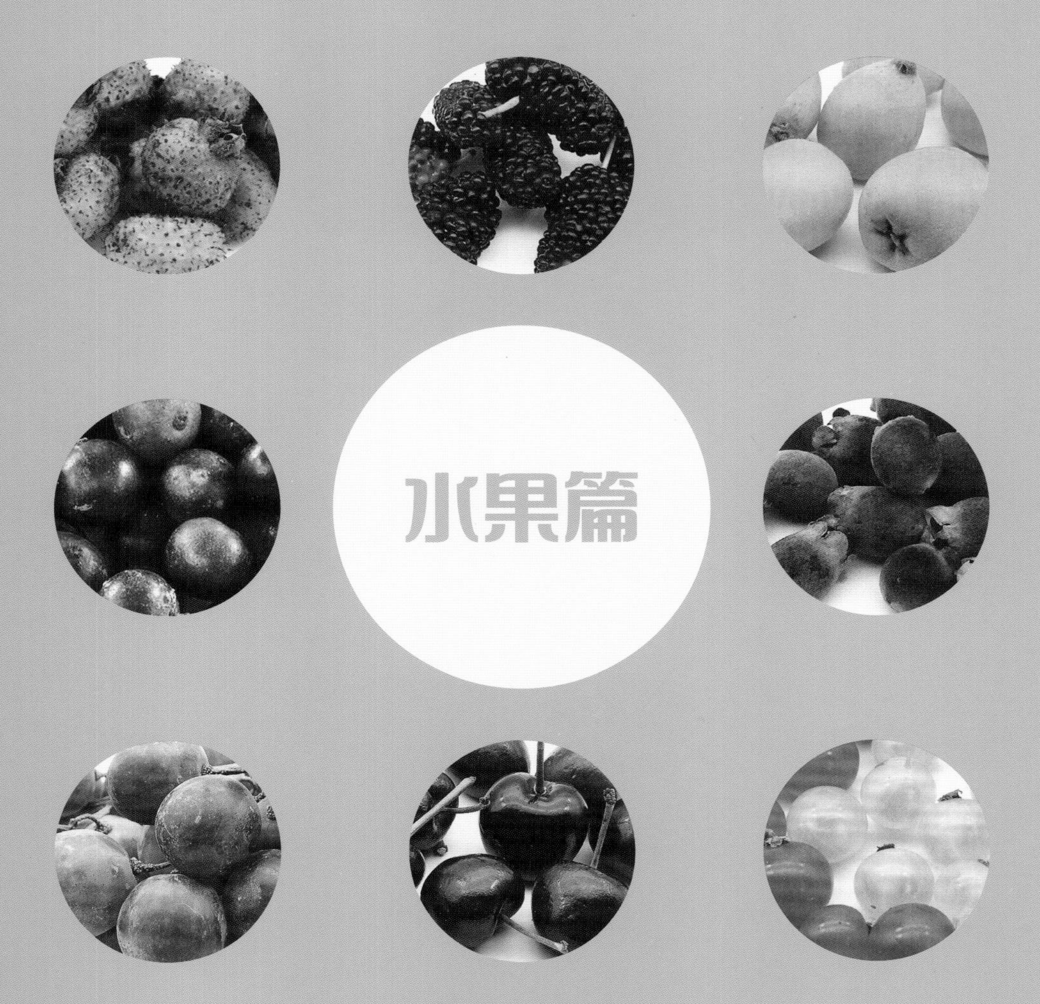

水果篇

仁果类

果实主要由子房和花托共同发育而成。果实的外层是肉质化的花托，占果实的绝大部分，子房壁分化的外中果皮肉质化与花托共同为食用部分，内果皮革质化。果实大多耐贮运。

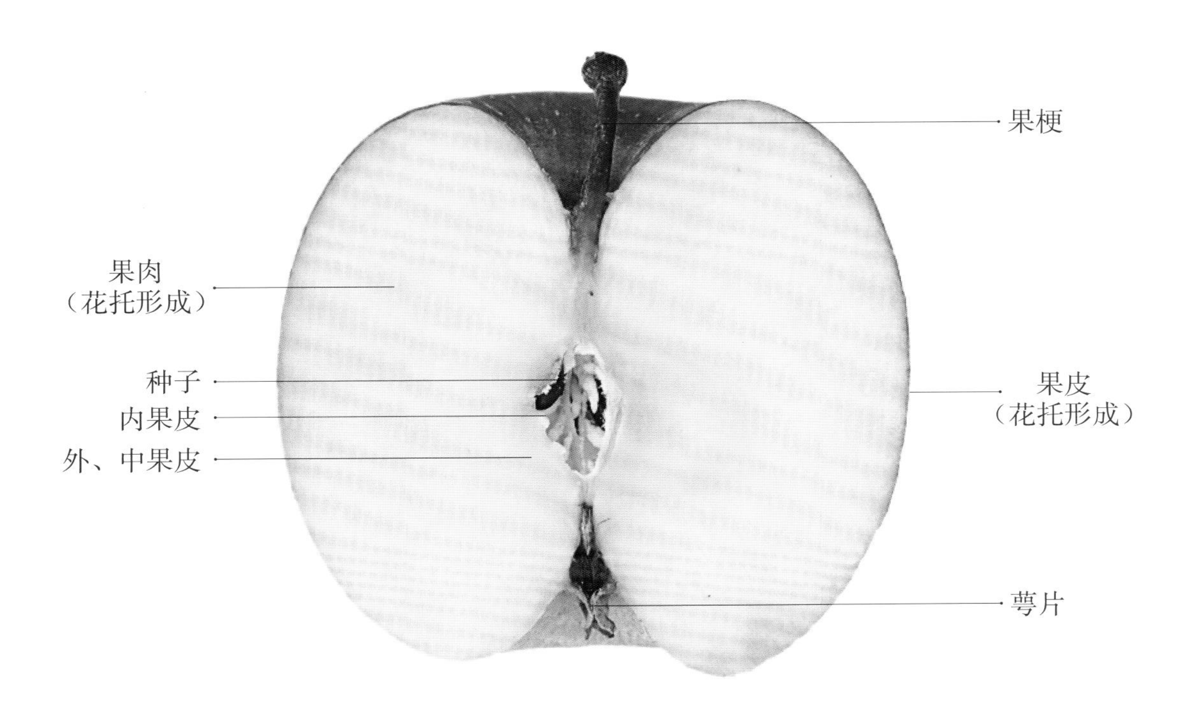
果梗
果肉
（花托形成）
种子
内果皮
外、中果皮
果皮
（花托形成）
萼片

仁果类水果基本结构图

A01

苹果

Malus pumila Mill.

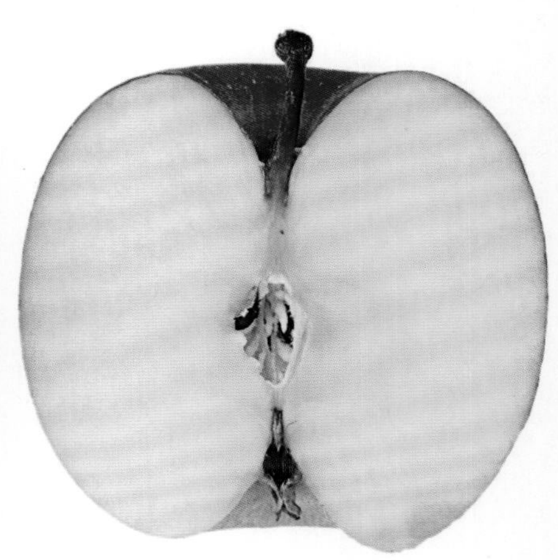

5 cm

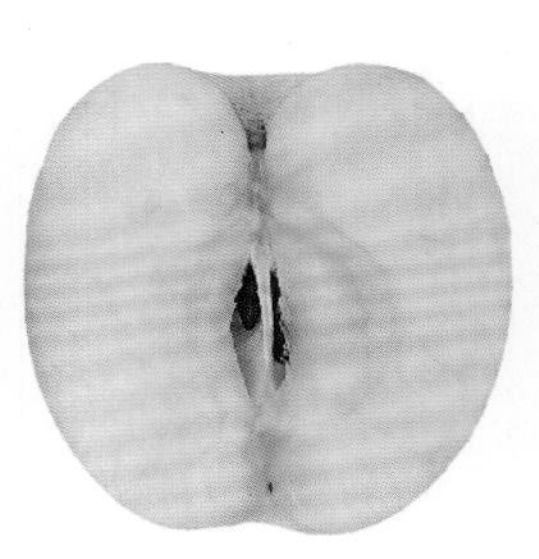

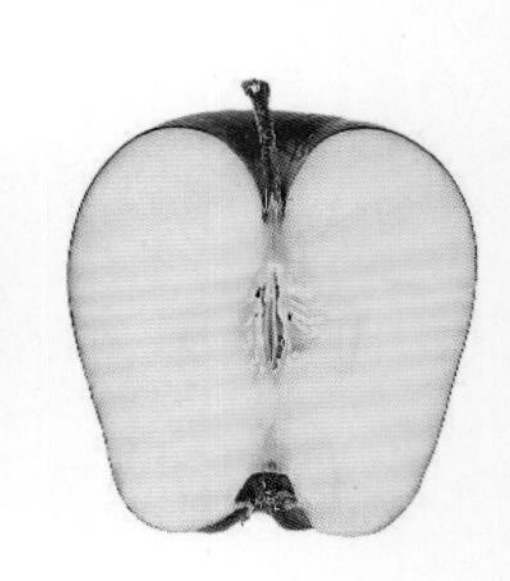

英 文 名 Apple。

中 文 名 苹果 *、平安果、智慧果、平波、苹婆、滔婆、蛇果等。

分类地位 蔷薇科，苹果属。

特　　征 果实扁球形，直径在 2 厘米以上，果皮通常红色、黄色或绿色，两端均凹陷，端部常有棱脊；种子卵形，种皮褐色或棕色。

主要产地 亚洲（中国、土耳其）；欧洲（波兰、意大利、德国、法国、俄罗斯）；北美洲（美国）；南美洲（巴西、智利）。

A02 海棠果

★★

Malus prunifolia （Willd.） Borkh.

5 cm

英文名 Plumleafcrab apple。

中文名 楸（读音：[qiū]）子 *、海棠果、沙果、海红、柰（读音：[nài]）子、八棱海棠、大八棱等。

分类地位 蔷薇科，苹果属。

特　征 果实卵形，直径 2~2.5 厘米，果皮黄色至红色，果肉黄白色，外观像小苹果，成熟后有 2~5 室，每室含种子 1~2 颗；种子扁卵圆形。

主要产地 亚洲（中国、印度、斯里兰卡、马来西亚、印度尼西亚）。

A03 梨

Pyrus spp.

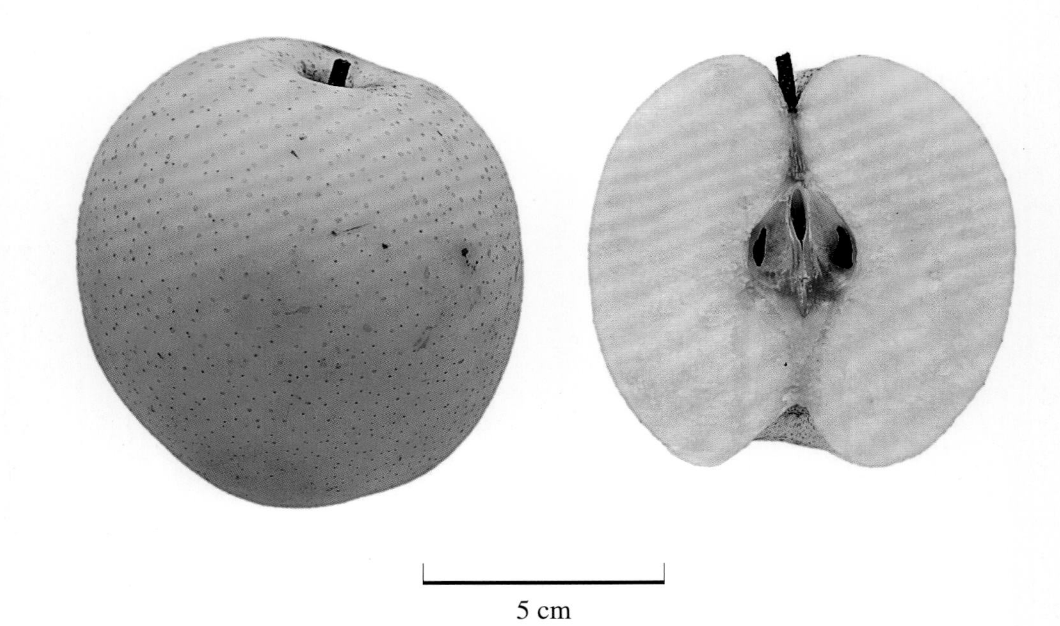

5 cm

英文名 Pear。

中文名 梨*、大鸭梨等。

分类地位 蔷薇科，梨属。

特　征 果实外皮金黄色、暖黄色、绿色或红色，里面果肉则为通亮白色，具有石细胞，鲜嫩多汁；种子黑色或黑褐色，种皮革质。

主要产地 亚洲（中国、印度、日本、韩国、土耳其）；欧洲（意大利、西班牙、德国）；非洲（南非）；北美洲（美国）；南美洲（阿根廷、智利）。

A04 山楂 ★★

Crataegus pinnatifida var. *major* N. E. Brown

2 cm

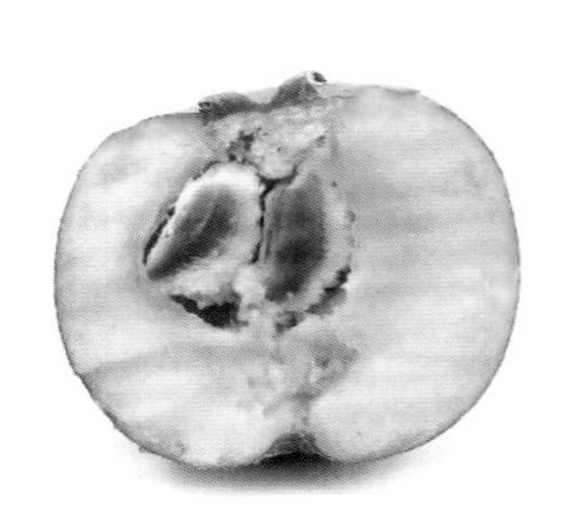

英文名 Chinese haw，Chinese hawthorn，Chinese hawberry。

中文名 山里红 *、山楂、山里果、红果、棠棣（河北）等。

分类地位 蔷薇科，山楂属。

特　　征 果实近球形或梨形，直径 1~1.5 厘米，深红色，有浅色斑点；种子 3~5 颗，外面稍具棱，内面两侧平滑。

主要产地 亚洲（中国、朝鲜、韩国）；欧洲（俄罗斯）。

A05

枇杷

★★★

Eriobotrya japonica （Thunb.） Lindl.

2 cm

英 文 名 Loquat。

中 文 名 枇杷 *、芦橘、金丸、芦枝等。

分类地位 蔷薇科，枇杷属。

特　　征 果实球形或长圆形，直径 2~5 厘米，黄色或橘黄色，外有锈色柔毛；种子 1~5 颗，球形或扁球形，褐色，光亮，种皮纸质。

主要产地 亚洲（中国、日本、印度、越南、缅甸、泰国、印度尼西亚）。

A06 榅桲 ★

Cydonia oblonga Mill.

5 cm

英文名 Quince，Cydonia oblonga。

中文名 榅桲（读音：[wēn po]）*、金苹果、蛮檀、楔楂、比也（新疆维吾尔语）、木梨（河南）等。

分类地位 蔷薇科，榅桲属。

特征 果实梨形，直径 3~8 厘米，未成熟时青绿色，密被短绒毛，成熟后黄色，有特殊香味；果肉粗糙颗粒状，柔软富糖质；种子卵形。

主要产地 亚洲（乌兹别克斯坦、中国、土耳其、伊朗、黎巴嫩）；欧洲（西班牙、塞尔维亚）；非洲（摩洛哥、阿尔及利亚）；南美洲（阿根廷）。

A07 木瓜 ★

Chaenomeles sinensis （Thouin） Koehne

5 cm

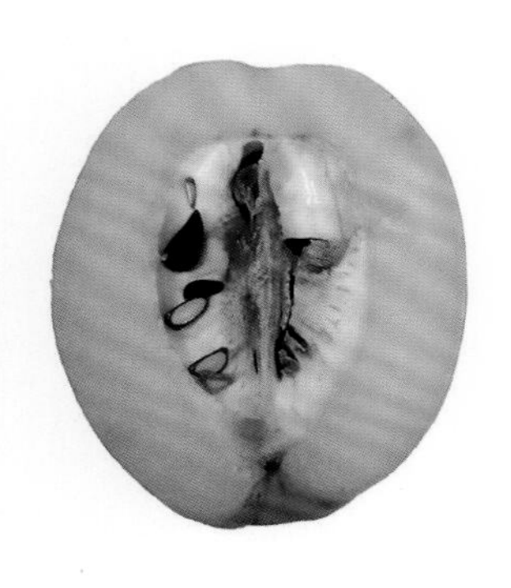

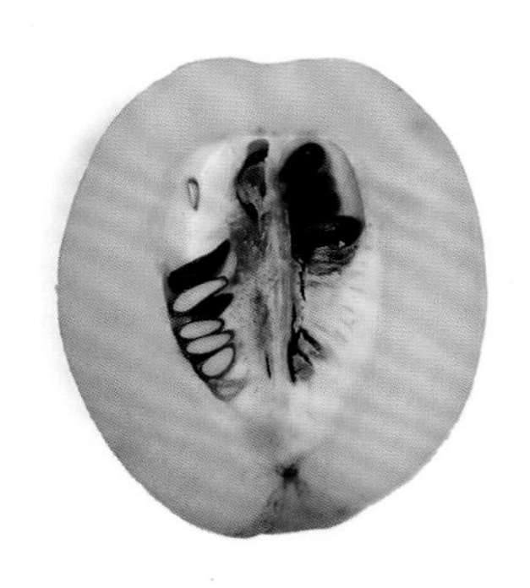

英 文 名 Chinese-quince。

中 文 名 木瓜 *、木李、榠（读音：[míng]）楂、木瓜海棠等。

分类地位 蔷薇科，木瓜属。

特　　征 果实长椭圆形，长 10~15 厘米，暗黄色，木质，味芳香，果梗短，内有种子多数。

主要产地 亚洲（中国、韩国、日本）。

A08 刺梨 ★

Rosa roxburghii Tratt.

英 文 名 Chestnut rose。

中 文 名 缫（读音：[sāo]）丝花 *、刺梨、木梨子等。

分类地位 蔷薇科，蔷薇属。

特　　征 果实圆球形或扁球形，直径 3~4 厘米，未熟时浅绿色至浅黄色，熟后转变为暗红黑色，外表皮密生针刺；种子多数，卵圆形，直径 1.5~3 毫米，浅黄色，着生于萼筒基部突起的花托上。

主要产地 亚洲（中国、日本）。

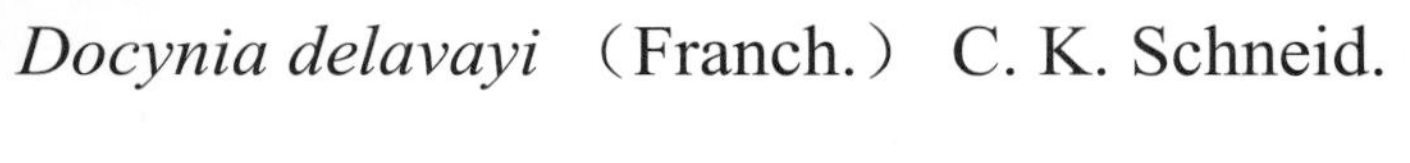

A09 移依果 ★

Docynia delavayi （Franch.） C. K. Schneid.

2 cm

英 文 名 ——。

中 文 名 云南移依（读音：[yí yī]）*、多依果等。

分类地位 蔷薇科，移依属。

特　　征 果实卵形或长圆形，直径 2~3 厘米，黄色或黄绿色，幼果密被绒毛，成熟后微被绒毛或近于无毛，通常有长果梗，外被绒毛；萼片宿存，直立或合拢；种子多数，通常卵形，顶部狭尖，基部浑圆。

主要产地 亚洲（中国、越南）。

核果类

果实由子房外壁形成外果皮，中壁发育成果肉，内壁形成木质化的果核。果核内一般有一颗种子。食用部分为中果皮。

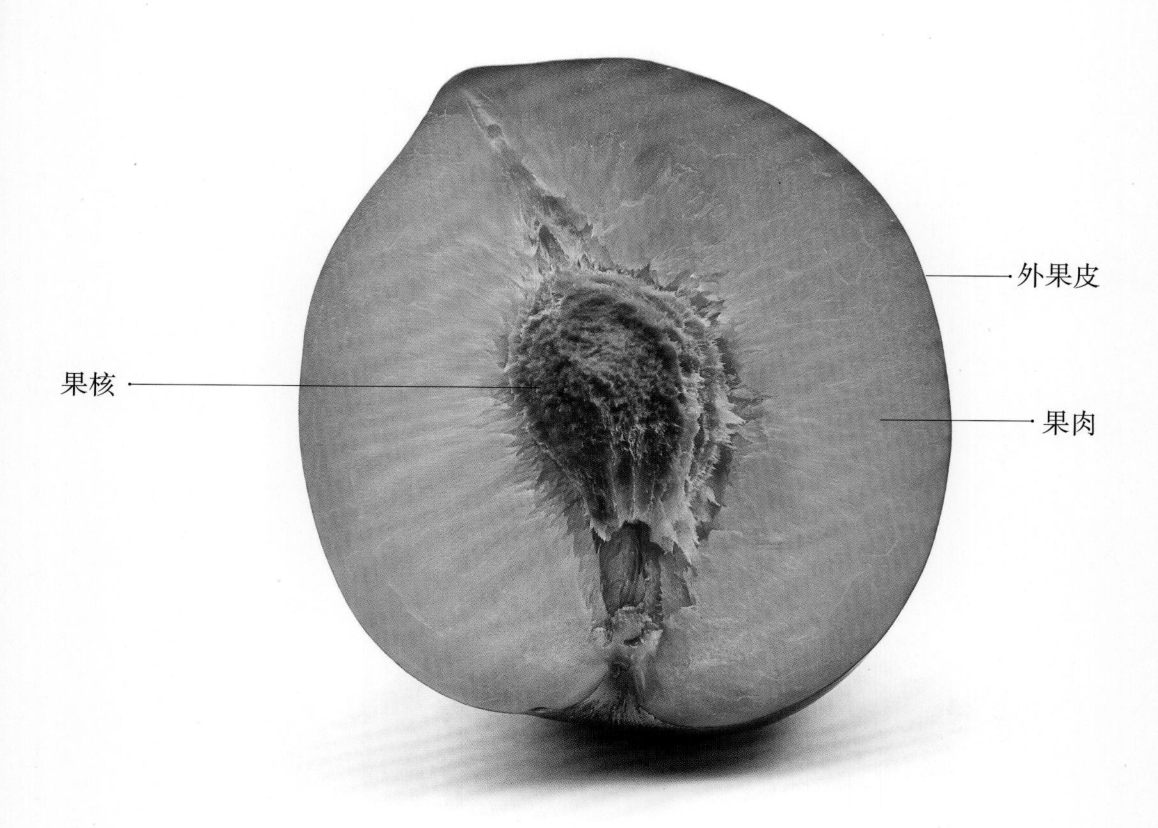

核果类水果基本结构图

B01 李 ★★★

Prunus salicina Lindl.

英 文 名 Plum。

中 文 名 李 *、嘉庆子、嘉应子（南京）、李子、玉皇李（北京）、山李子等。

分类地位 蔷薇科，李属。

特　　征 果实球形、卵球形或近圆锥形，直径 3.5~5 厘米，栽培品种可达 7 厘米，黄色或红色，有时为绿色或紫色，梗凹陷入，顶端微尖，基部有纵沟，外被蜡粉；核卵圆形或长圆形，有皱纹。

主要产地 亚洲（中国、日本、韩国、越南）；北美洲（美国）；大洋洲（澳大利亚）。

B02 布霖 ★★★

Prunus salicina Lindl. 'Friar'

5 cm

英文名 Black plum。

中文名 布霖（读音：[lín]）*、布林、中国李、欧洲李、黑宝石李等。

分类地位 蔷薇科，李属。

特　征 果实球形或卵球形，直径 3.5~6.5 厘米，果皮紫红色或黑紫色，梗凹陷入，顶端微尖，基部有纵沟，外被蜡粉；核卵圆形或长圆形，有皱纹。该果实是李的一种常见品种。

主要产地 亚洲（中国）；北美洲（美国）；南美洲（智利）；大洋洲（新西兰）。

B03 西梅

★★

Prunus domestica L.

5 cm

英文名 European plum，Damson，Damson plum，Prunus insititia。

中文名 欧洲李 *、西梅、法国黑枣、黑枣、西洋李、洋李等。

分类地位 蔷薇科，李属。

特　征 果实卵球形到长圆形，稀近球形，直径 1~2.5 厘米，红色、紫色、绿色、黄色，通常有明显侧沟，常被蓝色果粉，果肉离核或粘核；核广椭圆形，顶端有尖头，表面平滑、起伏不平或稍有蜂窝状隆起。

主要产地 欧洲（法国）；北美洲（美国）。

B04 桃

Amygdalus persica L.

5 cm

英文名	Peach。
中文名	桃*、蜜桃、蟠桃、盘桃、鹰嘴桃、桃实等。
分类地位	蔷薇科，桃属。
特征	果实根据不同品种呈卵形、椭圆形或扁圆形，直径5~7厘米，颜色为淡绿白色至橙黄色，常在向阳面具红晕，外面密被短柔毛，腹缝明显，果梗短而深入果洼；核椭圆形或近圆形，离核或粘核，两侧扁平，顶端渐尖，表面具纵、横沟纹和孔穴。
主要产地	亚洲（中国、伊朗、印度、土耳其）；欧洲（西班牙、意大利、希腊）；非洲（埃及）；北美洲（美国）；南美洲（智利、阿根廷）。

B05 油桃

Amygdalus persica var. *nectarina* Sol.

5 cm

英 文 名 Nectarine。

中 文 名 油桃 *、桃驳李、李光桃（山东、河北）等。

分类地位 蔷薇科，桃属。

特　　征 果实近球形，直径约 7.5 厘米，表皮无毛而光滑、发亮，颜色比较鲜艳，好像涂了一层油；核表具沟纹。该桃是普通桃的变种。

主要产地 亚洲（中国）；北美洲。

B06 蟠桃

Amygdalus persica L. var. *compressa* （Loud.） Yu et Lu

5 cm

英文名 Saturn peach，Doughnut peach。

中文名 蟠桃 *、盘桃、扁桃、寿桃等。

分类地位 蔷薇科，桃属。

特　　征 果实扁平形，两端凹入，直径 5~7 厘米，长与宽相等，色泽变化由淡绿白色至橙黄色，常在向阳面具红晕；核椭圆形，两侧扁平，表面具纵、横深沟纹和孔穴。

主要产地 亚洲（中国）；欧洲（西班牙、意大利）；北美洲（美国）。

B07

杏

★★

Armeniaca vulgaris Lam.

2 cm

英文名 Apricot。

中文名 杏 *、杏子、归勒斯等。

分类地位 蔷薇科，杏属。

特　征 果实球形，稀倒卵形，直径 2.5 厘米以上，白色、黄色至黄红色，常具红晕，微被短柔毛；核两侧扁平，顶端圆钝，表面平滑没有斑孔，核缘厚而有沟纹。

主要产地 亚洲（乌兹别克斯坦、土耳其、伊朗、日本、中国）；欧洲（意大利、西班牙、法国）；非洲（阿尔及利亚、埃及）。

B08

青梅 ★

Armeniaca mume Sieb.

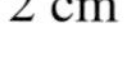

2 cm

英文名 Chinese plum，Japanese apricot。

中文名 梅*、青梅、梅子等。

分类地位 蔷薇科，杏属。

特　征 果实近球形，直径 2~3 厘米，黄色或绿白色，被柔毛，味酸，果肉与核粘连；核椭圆形，顶端圆形而有小突尖头，基部渐狭成楔形，两侧微扁，腹棱稍钝，腹面和背棱上均有明显纵沟，表面具蜂窝状孔穴。

主要产地 亚洲（中国、越南、日本、韩国）。

B09 樱桃

Cerasus spp.

英文名 Cherry。

中文名 樱桃 *、车厘子、欧洲甜樱桃、西洋实樱、牛桃、樱珠、含桃、玛瑙等。

分类地位 蔷薇科，樱属。

特　征 果实近球形或卵球形，直径 1.5~2.5 厘米，常见红色至紫黑色，也存在黄色品种；核表面光滑。

主要产地 亚洲（中国）；欧洲；北美洲（美国、加拿大）；南美洲（智利）；大洋洲（澳大利亚）。

B10 枣

Ziziphus jujuba Mill.

2 cm

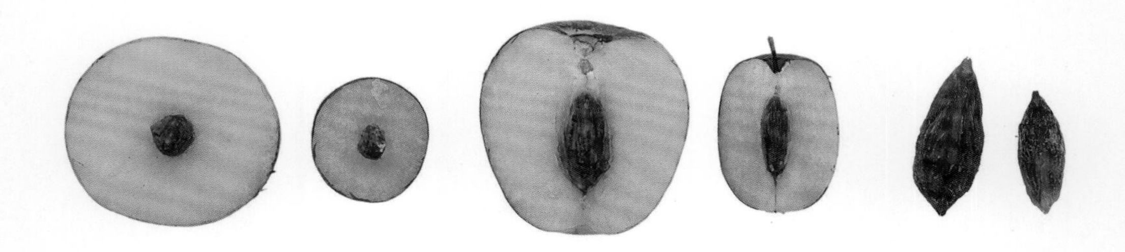

英文名	Jujube。
中文名	枣 *、大枣（湖北）、刺枣（四川）、贯枣等。
分类地位	鼠李科，枣属。
特征	果实矩圆形或长卵圆形，长 2~3.5 厘米，直径 1.5~2 厘米，成熟时红色，后变红紫色；核顶端锐尖，基部锐尖或钝，2 室，具 1 或 2 颗种子。
主要产地	亚洲（中国、韩国、哈萨克斯坦、吉尔吉斯斯坦）；北美洲（美国）。

B11 青枣 ★★★

Ziziphus mauritiana Lam.

5 cm

英 文 名 Chinese date，Chinee apple，Jujube，Indian plum，Regipandu，Indian jujube，Masau。

中 文 名 滇刺枣 *、青枣、印度枣、毛叶枣、台湾青枣、酸枣（云南、广东）、缅枣（广西）等。

分类地位 鼠李科，枣属。

特　　征 果实近球形或长卵圆形，果形酷似苹果，长 2.5~6.3 厘米，果皮光滑有光泽，薄而紧密，果肉白色、酥脆；核球形或纺锤形，表面具不规则的纵裂而呈瘤状；种子红褐色，有光泽。

主要产地 亚洲（中国、越南、印度、斯里兰卡、阿富汗、缅甸、马来西亚、印度尼西亚）；非洲；大洋洲（澳大利亚）。

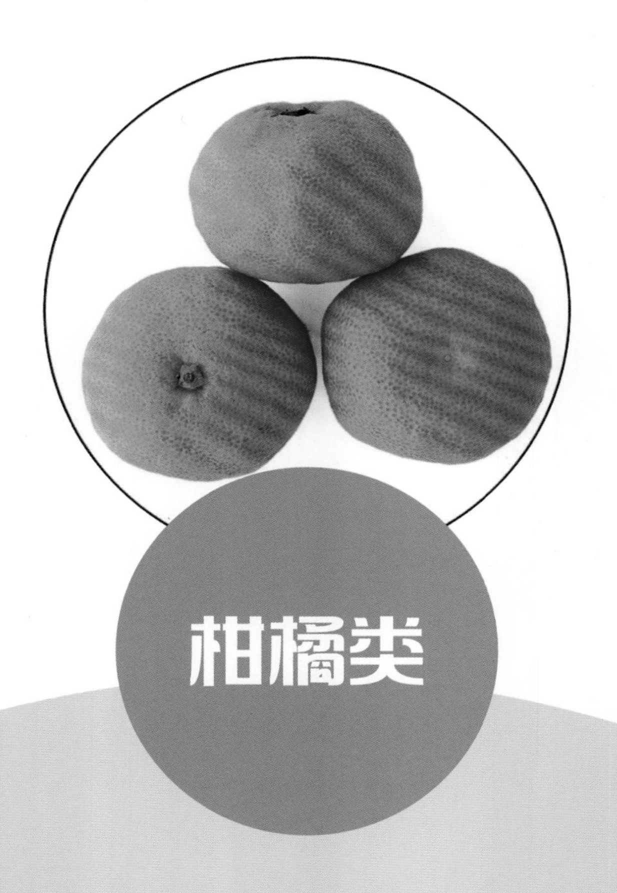

柑橘类

果实由子房发育而成，外果皮革质且具有油胞，中果皮为白色海绵状，内果皮由多汁的瓤囊组成。食用部分为内果皮。果实大多耐贮运。

柑橘类水果基本结构图

C01 柑橘

Citrus reticulata Blanco

5 cm

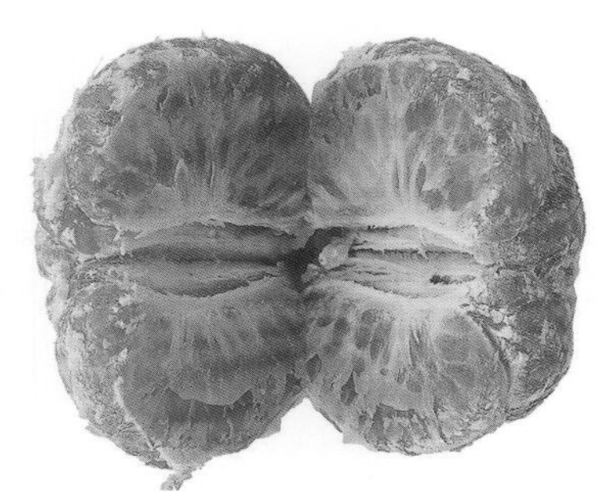

英文名 Mandarin orange，Mandarine。

中文名 柑橘 *、橘子、桔子、宽皮橘、蜜橘、黄橘、红橘、大红袍等。

分类地位 芸香科，柑橘属。

特　征 果实扁圆形至近圆形，红色、黄色或绿色，皮薄而光滑或厚而粗糙，易剥，味微甘酸，内为瓤囊，由汁泡和种子构成；种子多或少数，稀无籽，通常卵形，顶部狭尖，基部浑圆。

主要产地 亚洲（中国、伊朗、日本、土耳其）；欧洲（西班牙）；非洲（摩洛哥、埃及）；北美洲（美国、墨西哥）；南美洲（巴西）。世界有 135 个国家生产柑橘。

C02

柠檬

★★★

Citrus limon（L.） Burm. fil.

5 cm

英文名 Lemon。

中文名 柠檬*、柠果、洋柠檬、西柠檬、益母果、益母子等。

分类地位 芸香科，柑橘属。

特　征 果实椭圆形或卵形，两端狭，顶部通常较狭长并有乳头状突尖，颜色通常为柠檬黄色或绿色，味酸，外果皮较厚且粗糙；种子多或少数，通常卵形，顶部狭尖。

主要产地 亚洲（印度、中国）；欧洲（意大利、西班牙）；北美洲（墨西哥、美国）；南美洲（阿根廷、巴西）。

C03 西柚 ★★★

Citrus paradise Macf.

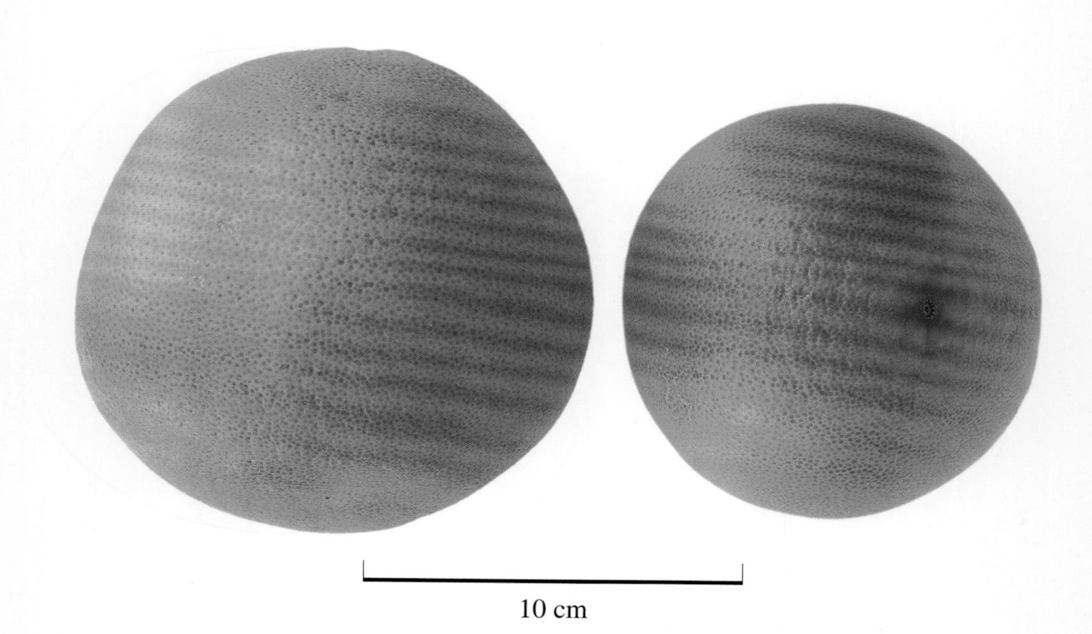

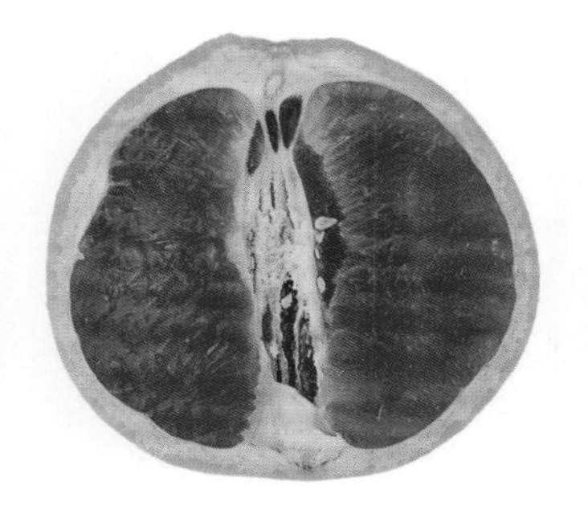

英 文 名 Grapefruit。

中 文 名 葡萄柚 *、西柚、朱栾（读音：[luán]）等。

分类地位 芸香科，柑橘属。

特　　征 果实扁圆形至圆球形，直径 10~15 厘米，比柚子小而比橙大，成熟时果皮黄色或淡血红色，果肉淡黄色或橙红色，果皮较薄，果顶有或无环圈，具有酸味和甘味；种子少或无。

主要产地 亚洲（中国）；北美洲（美国、墨西哥）；南美洲。

C04 柚子

Citrus maxima Merr.

10 cm

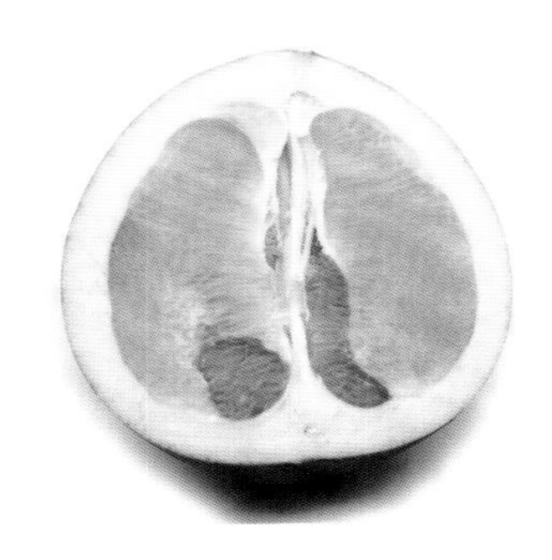

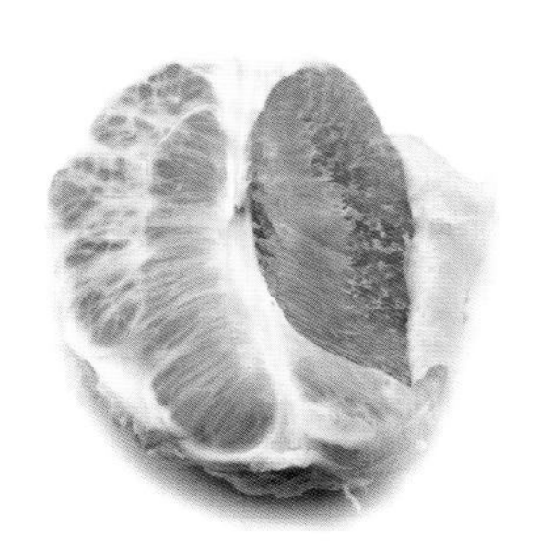

英文名 Pomelo。

中文名 柚 *、柚子、文旦、香栾（读音：[luán]）等。

分类地位 芸香科，柑橘属。

特　征 果实圆球形、扁圆形、梨形或阔圆锥形，直径通常 10 厘米以上，果皮光滑，绿色或淡黄色，杂交种有朱红色的，果皮与果肉之间有白色海绵层，果肉呈红色或淡黄色，白色更为常见；种子形状不规则，通常近长方形，多数，也有无子的，上部质薄且常截平，下部饱满。

主要产地 亚洲（中国、叙利亚、日本）；非洲（南非）；北美洲（美国、墨西哥）；南美洲（巴西、阿根廷）。

C05 橙

Citrus sinensis （L.） Osbeck

5 cm

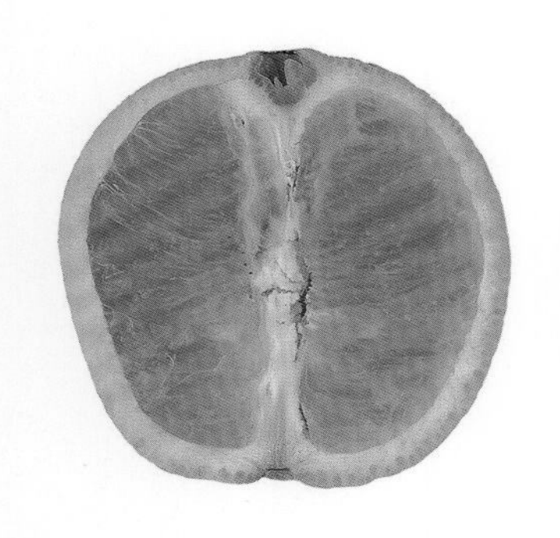

英文名 Orange。

中文名 甜橙 *、橙、柳橙、脐橙、香橙等。

分类地位 芸香科，柑橘属。

特　征 果实圆形至长圆形，直径 7~9 厘米，果皮淡黄色、橙黄色或淡血红色，较韧滑，油胞突起，果皮不易剥离，果肉橙黄色至血红色，柔软多汁，味甜或稍偏酸；种子少或无，种皮略有肋纹。

主要产地 亚洲（中国、印度、印度尼西亚）；欧洲（西班牙）；非洲（埃及、南非）；北美洲（美国、墨西哥）；南美洲（巴西、阿根廷）。

C06 泰国柠檬 ★

Citrus hystrix DC.

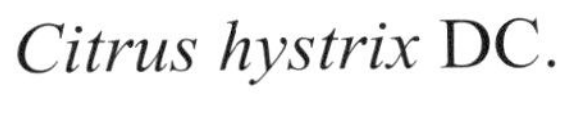

英文名 Kaffir lime。

中文名 马蜂橙 *、泰国柠檬、箭叶橙、箭叶金橘、麻风柑、毛里求斯苦橙等。

分类地位 芸香科，柑橘属。

特　征 果实近圆球形而稍长，长约 4 厘米，直径约 3.5 厘米，果皮凹凸不平，果顶端短乳头状突尖，瓤囊 10~13 瓣；种子较多。

主要产地 亚洲（泰国、中国、老挝、印度尼西亚、马来西亚、印度、越南）。

C07 金橘 ★★

Citrus japonica Thunb.

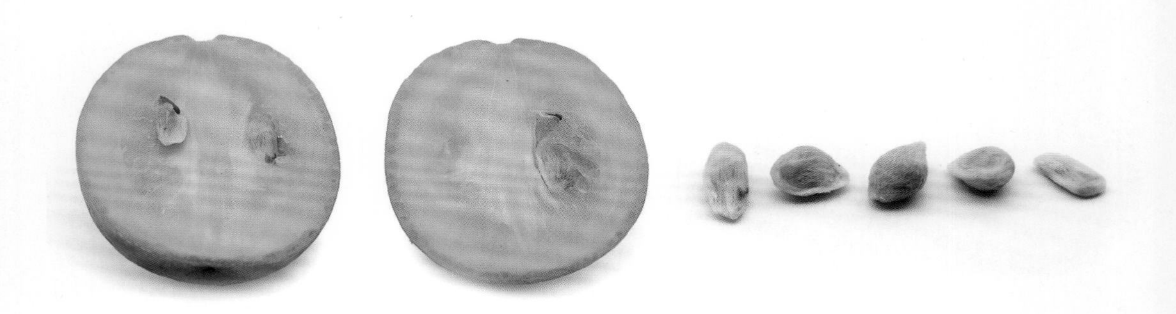

英文名	Kumquat，Cumquat。
中文名	金柑 *、金枣、金弹、金橘、马水橘、金桔、脆皮桔、罗浮等。
分类地位	芸香科，柑橘属。
特　征	果实椭圆形或倒卵形，长 2~3.5 厘米，金黄色，果皮肉质而厚，平滑，有许多腺点，有香味，果肉味酸；种子 2~5 颗，卵状球形，端尖，子叶及胚均绿色。
主要产地	亚洲（中国、印度、越南、菲律宾）；北美洲（美国、墨西哥）。

C08

指橙 ★

Citrus australasica F. Muell.

英 文 名 Finger lime。

中 文 名 指橙 *、澳洲香檬、手指莱姆、手指香檬等。

分类地位 芸香科，柑橘属。

特　　征 果实圆柱状，有时稍有弯曲，长4~8厘米，果皮淡黄色、橙黄色或淡血红色等，有香味；果肉为鱼子大小的小粒，呈绿色或粉红色，与果皮不易分离，以酸味为主；种子多、少或无，卵形或长圆形，多胚，白色。

主要产地 大洋洲（澳大利亚）。

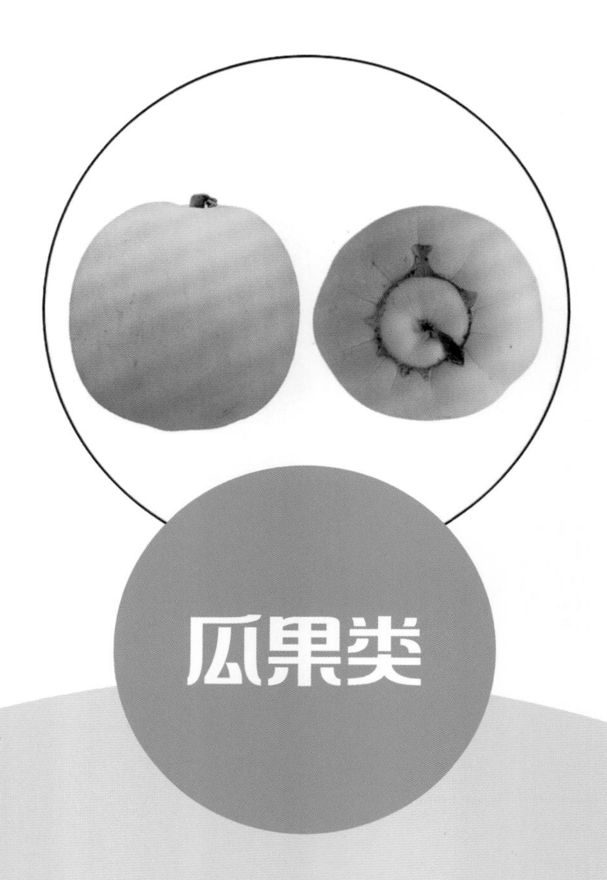

瓜果类

果实的肉质部分由子房和花托共同发育而成。外果皮通常在老熟时形成坚硬的外壳，内果皮为浆质。果实大多耐贮运。

瓜果类水果基本结构图

D01

西瓜

Citrullus lanatus （Thunb.） Matsum. et Nakai

20 cm

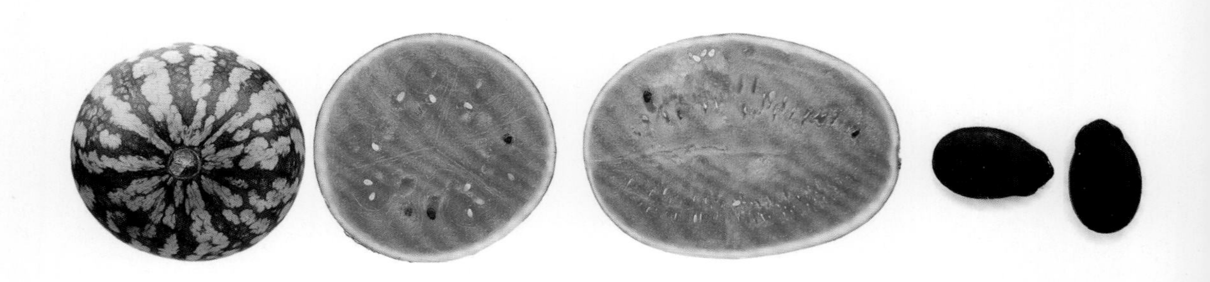

英文名 Watermelon。

中文名 西瓜 *、夏瓜、寒瓜、青门绿玉房等。

分类地位 葫芦科，西瓜属。

特　　征 果实球形或椭圆形，外皮光滑，呈绿色或黄色有花纹；果瓤多汁，为红色或黄色；种子多数，卵形，黑色、红色，有时为白色、黄色、淡绿色或有斑纹，两面平滑，基部钝圆，通常边缘稍拱起。

主要产地 亚洲（中国、伊朗、乌兹别克斯坦、土耳其）；非洲（埃及）；北美洲（美国）；南美洲（巴西）。在温带、热带区域均有种植。

D02 哈密瓜

★★

Cucumis melo var. *cantalupo* Ser.

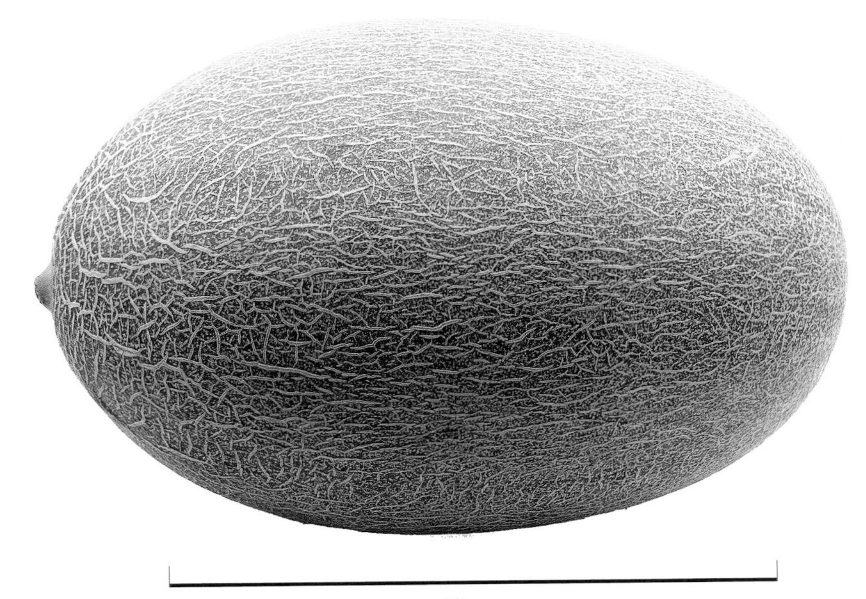

20 cm

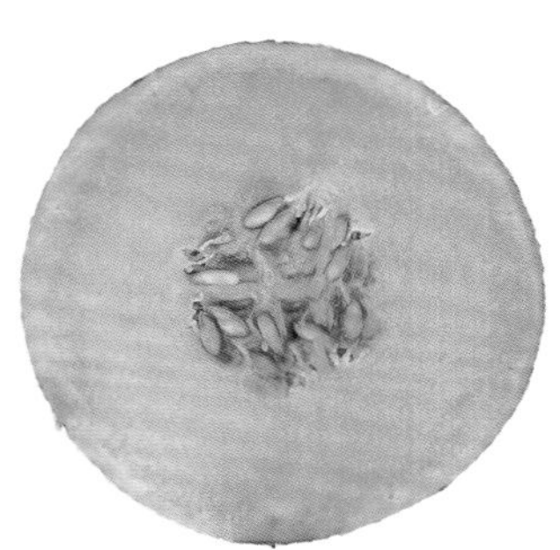

英 文 名 Cantaloupe。

中 文 名 甜瓜 *、哈密瓜、甘瓜、网纹瓜、香瓜、白兰瓜、华莱士瓜等。

分类地位 葫芦科，黄瓜属。

特　　征 果实球形或长椭圆形，果皮平滑，有纵沟纹或斑纹，果肉有绿色、白色、黄色等多个品种；种子污白色或黄白色，卵形或长圆形，先端尖，基部钝，表面光滑，无边缘。

主要产地 亚洲（中国、伊朗、印度）；欧洲；非洲；北美洲（美国）。

D03

香瓜

Cucumis melo L.

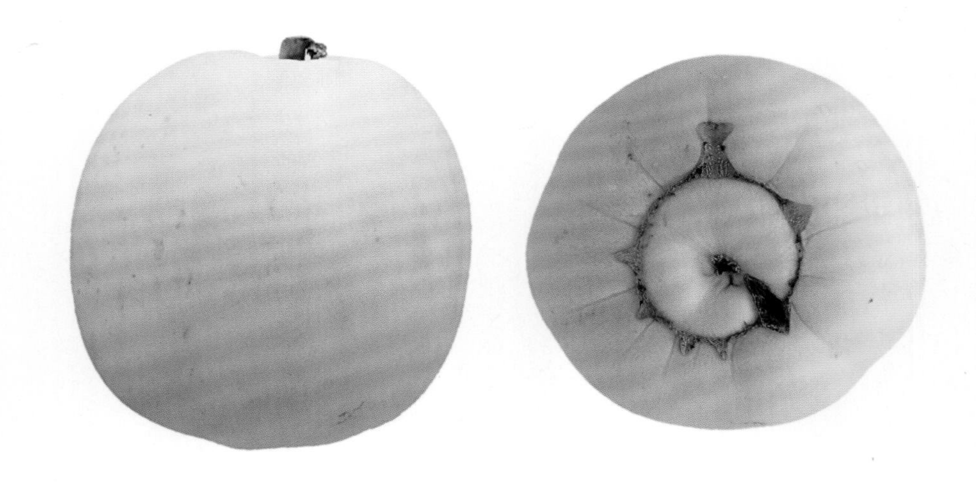

10 cm

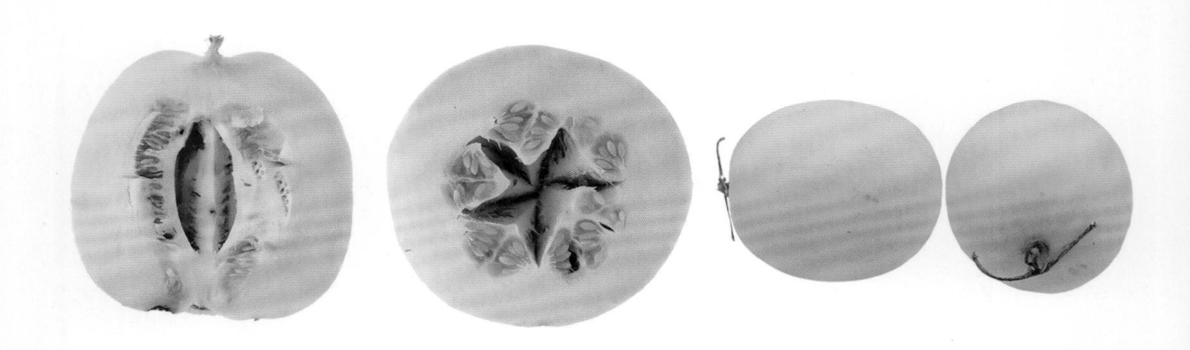

英文名 Honeydew melon、Muskmelon。

中文名 甜瓜*、蜜瓜、香瓜、甘瓜、白兰瓜等。

分类地位 葫芦科，黄瓜属。

特　　征 果实品种多，大多为圆形或椭圆形，也有少数品种长条形等，外果皮光滑或有纹路，颜色有红色、黄色、绿色等，中果皮与内果皮肉质可食用；内部由 5 个心皮构成，种子着生于心皮的边缘，属于侧膜胎座，而每个心皮的中央皆有一片假隔膜。

主要产地 亚洲；非洲；北美洲；南美洲。广泛栽培于温带至热带地区。

D04 刺角瓜 ★

Cucumis metuliferus E. Mey. ex Schrad

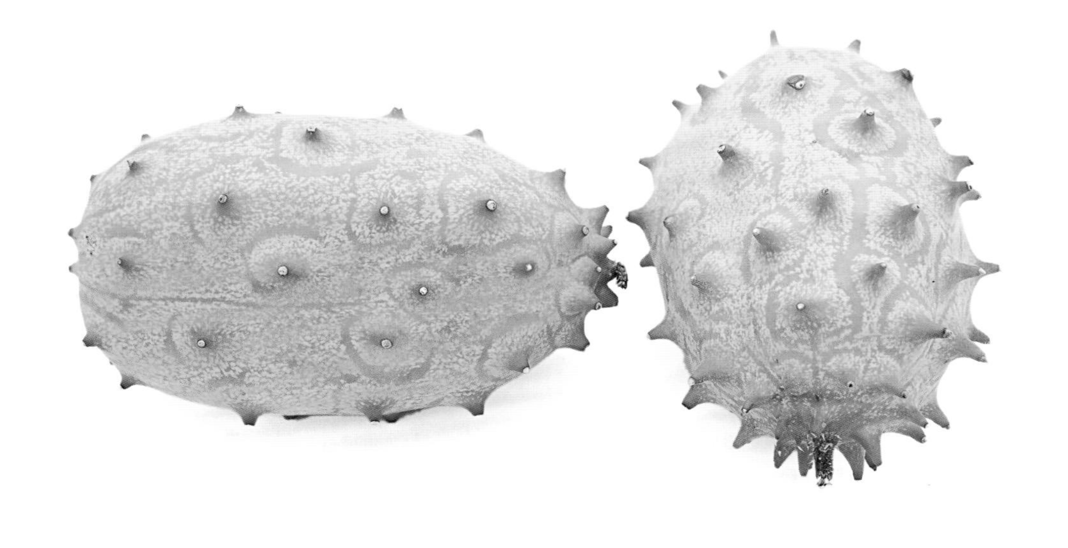

10 cm

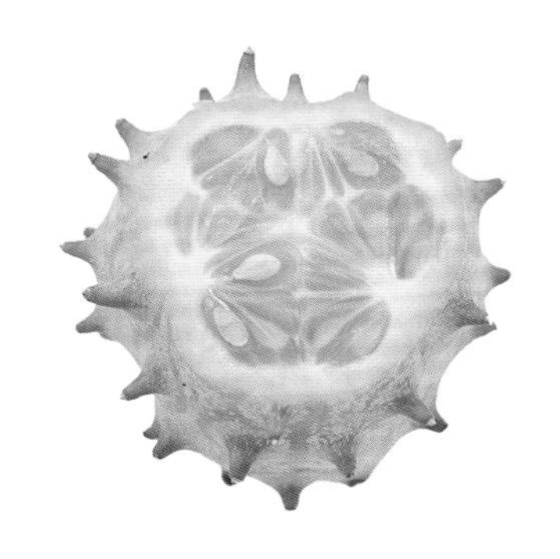

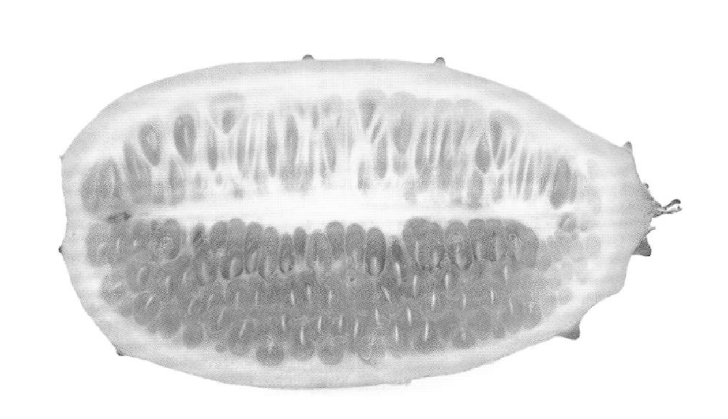

英文名 Horned melon，Kiwano。

中文名 刺角瓜*、火参果、非洲角瓜、齐瓦诺果、火天桃、非洲蜜瓜等。

分类地位 葫芦科，黄瓜属。

特　　征 果实成熟后果皮金黄色，表皮坚硬，凹凸不平，且长有瘤刺，果实为带刺的橄榄形；肉质细腻多籽，像黄瓜一样呈凝胶状，口味清甜。

主要产地 欧洲（葡萄牙、意大利、德国）；非洲；北美洲（美国）；南美洲（智利）；大洋洲（澳大利亚、新西兰）。

D05 拇指西瓜 ★

Melothria scabra Naudin

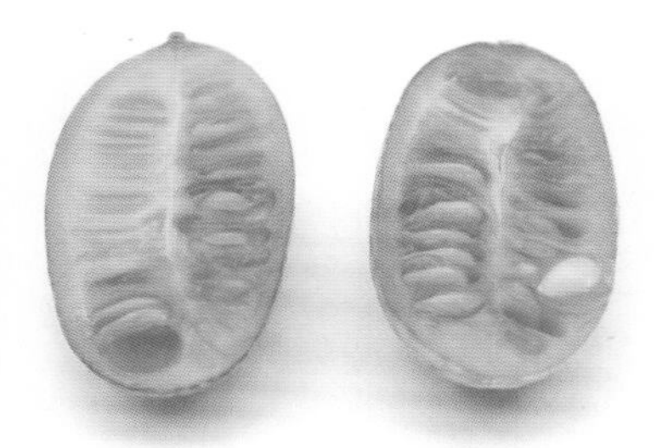

英 文 名 Mouse melon，Mexican sour gherkin，Cucamelon，Mexican miniature watermelon，Mexican sour cucumber，Pepquinos。

中 文 名 糙毛马交儿 *、拇指西瓜、微西瓜、迷你西瓜、佩普基诺等。

分类地位 葫芦科，马瓟（读音：[bó]）属。

特　　征 果实椭圆形，长约 3 厘米、宽约 2 厘米，与普通西瓜有着一模一样的外形和皮纹，内瓤青绿色，外皮柔滑细嫩，每个重约 6 克；种子多数，扁平，光滑无毛，边缘不拱起。

主要产地 北美洲（墨西哥）；南美洲（委内瑞拉、哥伦比亚）。

浆果类

果实多浆汁，种子小而多，分布在果肉中。该类果实因植物不同，果实构造差异较大。如葡萄，果实由子房发育而成，外果皮膜质，中、内果皮柔软多汁，食用部分为中、内果皮。大多不耐贮藏。

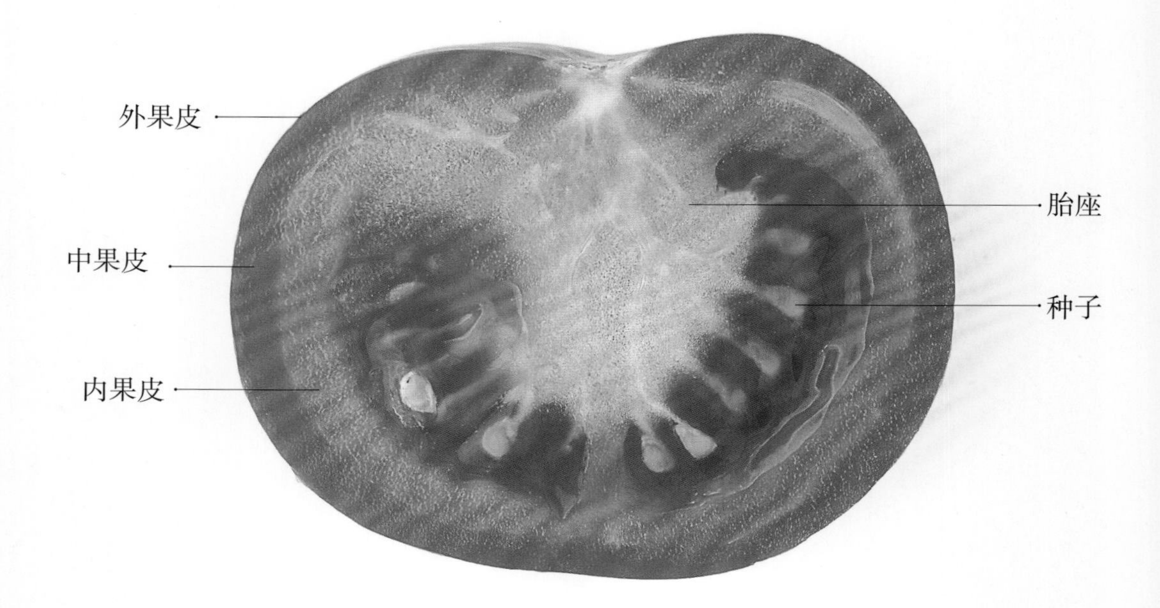

浆果类水果基本结构图

E01 百香果

Passiflora edulis Sims

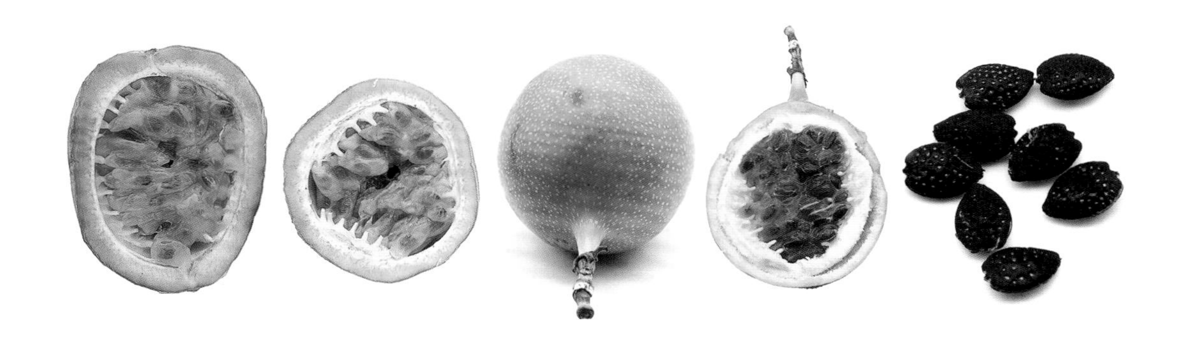

英文名	Passion fruit。
中文名	鸡蛋果 *、百香果、西番莲、热情果、爱情果、时计果、西番果等。
分类地位	西番莲科，西番莲属。
特　征	果实卵球形，直径 3~4 厘米，无毛，幼果绿色，熟时紫色；种子多数，卵形。
主要产地	亚洲（中国、越南）；非洲（南非）；南美洲（巴西、巴拉圭、阿根廷）；大洋洲（澳大利亚）。

E02 桃金娘

Rhodomyrtus tomentosa（Aiton）Hassk.

英 文 名 Rose myrtle，Hill gooseberry，Downy myrtle。

中 文 名 桃金娘 *、山茬（读音:[niè]）、山棯（读音:[rěn]）、仲尼、当梨根、稔（读音:[rěn]）子、豆稔、乌肚子、桃舅娘、当泥等。

分类地位 桃金娘科，桃金娘属。

特　　征 果实卵状壶形，长 1.5~2 厘米，直径 1~1.5 厘米，未成熟时为绿色，成熟时紫黑色；种子每室 2 列。

主要产地 亚洲（中国、日本、菲律宾、印度、斯里兰卡、马来西亚、印度尼西亚）。

E03 嘉宝果 ★

Plinia cauliflora （Mart.） Kausel

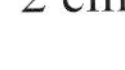

2 cm

英 文 名 Jabuticaba。

中 文 名 嘉宝果 *、珍宝果、树葡萄等。

分类地位 桃金娘科，树番樱属。

特　　征 果实形似葡萄，直径 2~4 厘米，紫色，果皮厚，结实光滑，果肉多汁半透明，呈白色或粉色；种子 1~4 颗。

主要产地 亚洲（中国）；南美洲（巴西、阿根廷、玻利维亚、秘鲁、巴拉圭）。

E04 桑葚

Morus alba L.

2 cm

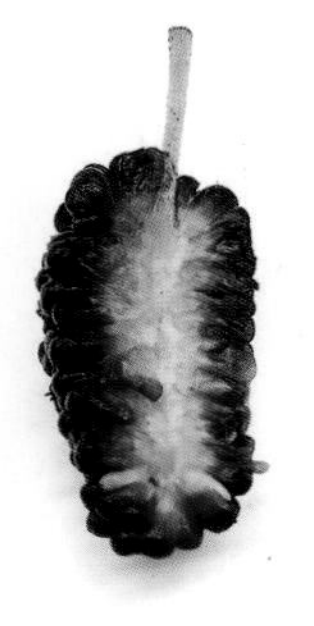

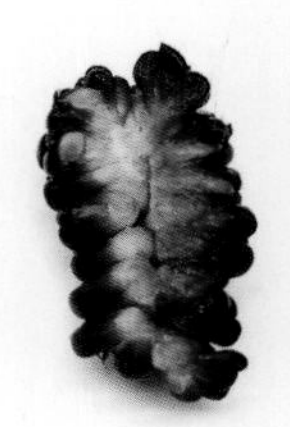

英文名 Mulberry。

中文名 桑*、桑葚、桑果、桑椹等。

分类地位 桑科，桑属。

特　　征 果实为聚花果，由多数小核果集合而成，呈长圆形，长 2~3 厘米，直径 1.2~1.8 厘米，黄棕色、棕红色至暗紫色，也有乳白色，有短果序梗。

主要产地 亚洲（中国、朝鲜、日本、蒙古、印度、越南）；欧洲（俄罗斯）。

E05 草莓

Fragaria × *ananassa* Duch.

2 cm

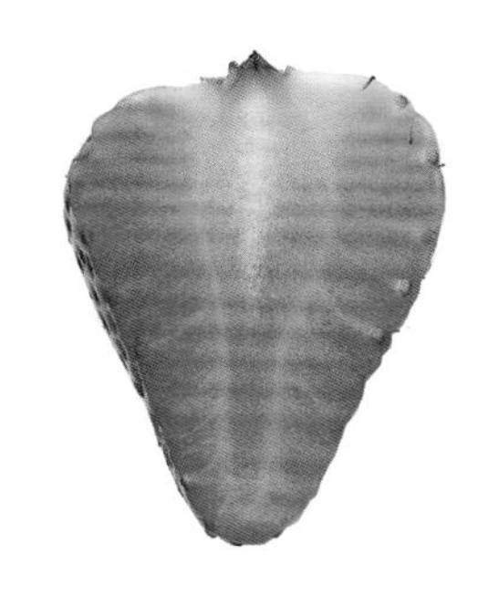 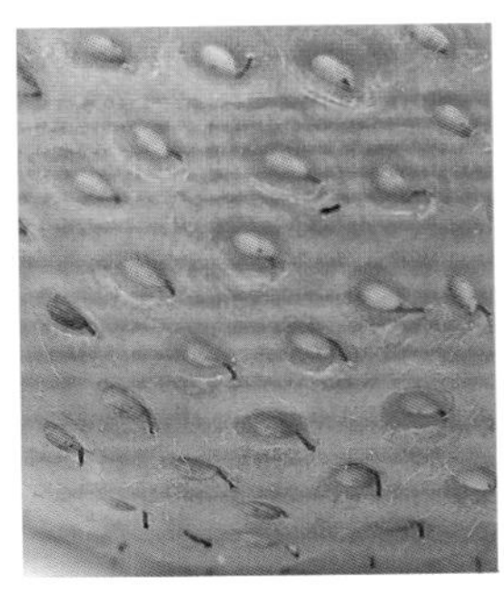  

英 文 名 Strawberry。

中 文 名 草莓 *、凤梨草莓、士多啤梨、菠萝莓等。

分类地位 蔷薇科，草莓属。

特　　征 果实为聚合果，由花托膨大形成肉质假果，一般呈心形，直径约 3 厘米，通常为鲜红色，部分品种白色，质地柔软多汁，气味芳香；有宿存萼片直立，紧贴于肉质假果；表面覆盖了真正的果实，尖卵形，直径小，表面光滑。

主要产地 亚洲（中国、日本、韩国、土耳其）；欧洲（西班牙、俄罗斯、波兰、意大利）；非洲（埃及）；北美洲（美国、墨西哥）。

E06 黑莓 ★

Rubus fruticosus L.

英 文 名	Blackberry。
中 文 名	黑莓 *、欧洲黑莓等。
分类地位	蔷薇科，悬钩子属。
特 征	果实由很多小果组成，形成实心的聚合果，近球形或卵球形，黑色或暗紫色，果实成熟时与花托不分离。
主要产地	亚洲（中国）；欧洲（塞尔维亚、匈牙利）；北美洲（墨西哥、美国）。

E07

树莓

Rubus idaeus L.

2 cm

英 文 名 Raspberry。

中 文 名 覆盆子 *、树莓、复盆子、红树莓、欧洲红树莓、绒毛悬钩子等。

分类地位 蔷薇科，悬钩子属。

特　　征 果实由很多小果组成，形成空心的聚合果，近球形或卵球形，直径 1~1.4 厘米，红色或橙黄色，密被细柔毛，果实成熟时与花托分离。

主要产地 亚洲（中国、日本、越南、朝鲜、缅甸）。

E08

空心泡

★

Rubus rosifolius Sm.

英 文 名 Rose-leaf bramble。

中 文 名 空心泡 *、蔷薇莓、三月泡、划船泡、龙船泡、倒触伞等。

分类地位 蔷薇科，悬钩子属。

特　　征 果实卵球形或长圆状卵圆形，形成空心的聚合果，长 1~1.5 厘米，红色，有光泽，无毛。

主要产地 亚洲（中国、日本、印度、印度尼西亚、缅甸、泰国、老挝、柬埔寨、越南）；非洲；大洋洲。

E09

蓝莓

★★★

Vaccinium corymbosum L.

2 cm

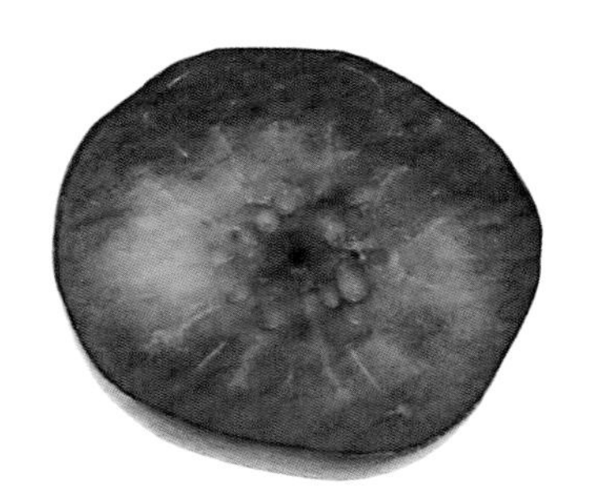

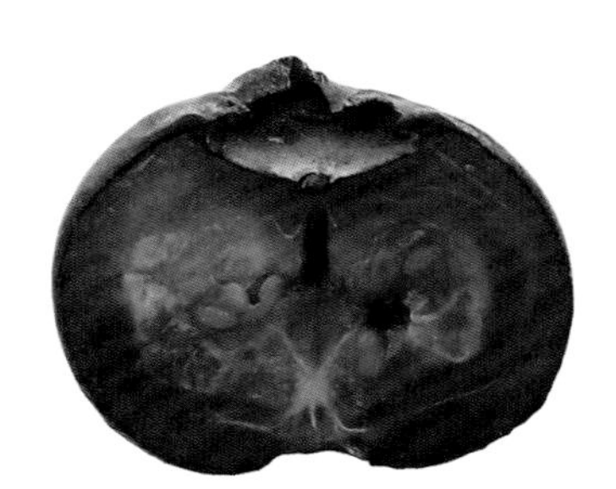

英 文 名 Blueberry。

中 文 名 蓝莓*、蓝浆果、高丛越橘等。

分类地位 杜鹃花科，越橘属。

特　　征 果实近球形或椭圆形，直径约1厘米，蓝紫色，包裹一层白色果粉，果肉细腻；种子极小。

主要产地 亚洲（中国、日本）；欧洲（德国、波兰、荷兰）；北美洲（美国、加拿大）；南美洲（智利）。

E10 蔓越莓

Vaccinium macrocarpon Ait.

2 cm

英 文 名	Cranberry, Large cranberry, American cranberry, Bearberry。
中 文 名	大果越橘 *、蔓越莓、美洲蔓越莓等。
分类地位	杜鹃花科，越橘属。
特　　征	果实球形或椭球形，直径 0.9~1.4 厘米，长 1.2~1.8 厘米，未成熟时白色，成熟后紫红色，味酸。
主要产地	亚洲（土耳其、阿塞拜疆）；欧洲（罗马尼亚、白俄罗斯、拉脱维亚、乌克兰、保加利亚、西班牙、法国）；非洲（突尼斯）；北美洲（美国、加拿大）；南美洲（智利）。

E11

醋栗 ★

Ribes rubrum L.

英文名 Redcurrant。

中文名 红茶藨（读音：[pāo]）子*、红醋栗、红果茶藨、欧洲红穗醋栗等。

分类地位 虎耳草科，茶藨子属。

特　征 果实圆形，稀椭圆形，直径 0.8~1 厘米，红色，无毛，味酸；白醋栗为其白化品种，呈半透明状，味微酸。

主要产地 亚洲（中国、哈萨克斯坦）；欧洲（芬兰、瑞典、英国、法国、德国、俄罗斯）。

E12

葡萄

★★★

Vitis vinifera L.

2 cm

英 文 名 Grape。

中 文 名 葡萄*、提子、蒲陶、草龙珠、赐紫樱桃、菩提子、山葫芦等。

分类地位 葡萄科，葡萄属。

特　　征 果实球形或椭圆形，直径 0.6~3 厘米，颜色多样，常见有紫红色、绿色等；种子倒卵椭圆形，顶短近圆形，基部有短喙，种脐在种子背面中部呈椭圆形，种脊微突出，腹面中棱脊突起。

主要产地 亚洲（中国、印度、伊朗）；欧洲（意大利、德国、西班牙、法国）；非洲（南非）；北美洲（美国）；南美洲（智利、巴西）；大洋洲（澳大利亚）。

E13 猕猴桃 ★★★

Actinidia chinensis Planch.

5 cm

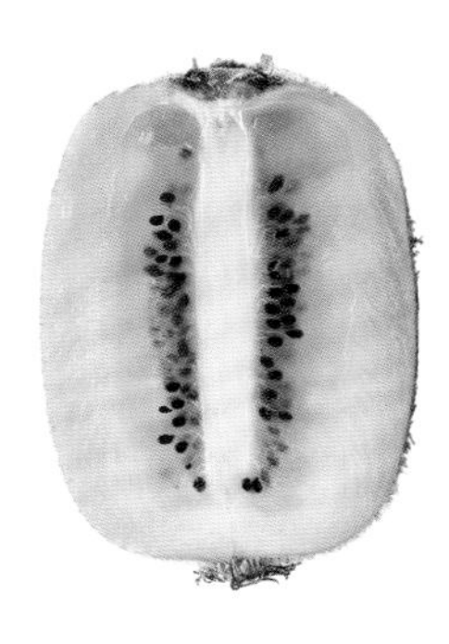
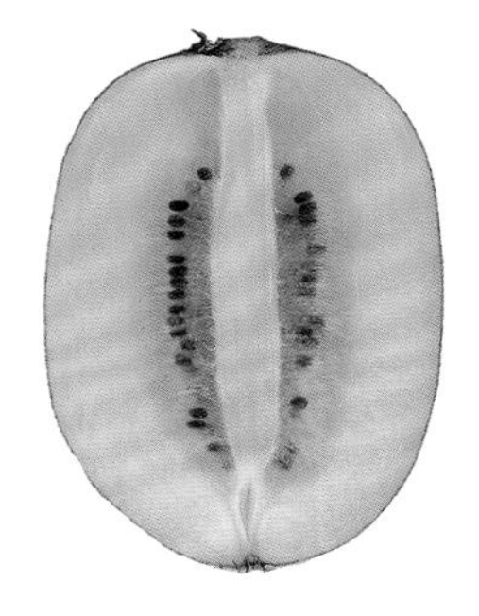

英 文 名 Kiwifruit，Chinese gooseberry，Actinidia chinensis。

中 文 名 中华猕猴桃 *、阳桃、羊桃、奇异果、羊桃藤、藤梨、狐狸桃等。

分类地位 猕猴桃科，猕猴桃属。

特　　征 果实近球形、圆柱形、倒卵形或椭圆形，黄褐色，长 4~6 厘米，被茸毛、长硬毛或刺毛状长硬毛，成熟时秃净或不秃净，具小而多的淡褐色斑点，其内是亮绿色、黄色或红色的果肉和一排黑色的种子；种子长约 2.5 毫米。

主要产地 亚洲（中国）；欧洲（意大利、希腊、法国）；南美洲（智利）；大洋洲（新西兰）。

E14 番茄

Solanum lycopersicum L.

英文名 Tomato。

中文名 番茄*、圣女果、六月柿、西红柿、洋柿子、爱情果等。

分类地位 茄科，茄属。

特　　征 果实扁球形或近球形，肉质而多汁，颜色多样，多为红色，果皮光滑；种子淡黄色。

主要产地 亚洲（中国、土耳其）；欧洲（希腊、西班牙、意大利、葡萄牙）；北美洲（美国）。广泛种植于世界各地。

E15 人参果 ★★

Solanum muricatum Aiton

5 cm

英 文 名 Ginseng fruit。

中 文 名 香瓜茄 *、人参果、香瓜梨、仙果、香艳梨、草还丹等。

分类地位 茄科，茄属。

特　　征 果实卵圆形或圆锥形，直径 8~10 厘米，成熟时果皮金黄色，部分品种具紫色条形斑纹，果肉浅乳黄色。

主要产地 亚洲（中国、土耳其）；南美洲（智利、哥伦比亚、厄瓜多尔、玻利维亚、秘鲁）；大洋洲（新西兰）。

E16 树番茄 ★

Solanum betaceum Cav.

5 cm

英文名	Tree tomato，Tamarillo。
中文名	树番茄 * 等。
分类地位	茄科，茄属。
特　征	果实卵形，长 5~7 厘米，成熟时橘黄色或带红色，多汁液，光滑；种子圆盘形，直径约 4 毫米，周围有狭翼。
主要产地	亚洲（中国、印度、尼泊尔）；非洲（南非）；北美洲（美国）；南美洲（哥伦比亚、委内瑞拉、玻利维亚、阿根廷、巴西）；大洋洲（新西兰、澳大利亚）。主要种植于亚热带地区。

E17 姑娘果 ★

Physalis peruviana L.

英 文 名 Cape gooseberry，Physalis。

中 文 名 灯笼果 *、姑娘果、龙珠果、小果酸浆、秘鲁苦蘵（读音：[zhī]）、洋菇娘、金姑娘等。

分类地位 茄科，酸浆属。

特　　征 果实球形，直径 1~2 厘米，黄色或橙黄色，被膨大的宿萼包裹；宿萼卵形，长 3~4 厘米，直径 2.5~3.5 厘米，基部稍内凹；种子圆盘状，直径约 2 毫米，黄色。

主要产地 亚洲（中国、朝鲜、日本、马来西亚、菲律宾）；欧洲（英国）；非洲（南非）；南美洲（智利、秘鲁）；大洋洲（澳大利亚）。

E18 火龙果

Hylocereus undatus （Haw.） Britton et Rose

10 cm

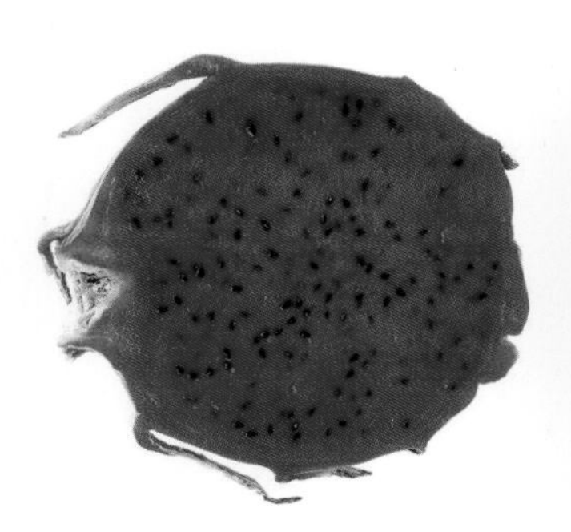

英文名 Pitahaya，Pitaya，Dragon fruit。

中文名 量天尺 *、火龙果、红龙果、青龙果、仙蜜果、玉龙果、芝麻果等。

分类地位 仙人掌科，量天尺属。

特　　征 果实椭圆形或长球形，直径 5~12 厘米，红色或黄色，有绿色圆角形或三角形的叶状体，果肉白色、红色或黄色；种子倒卵形，小而多，黑色，种脐小。

主要产地 亚洲（中国、越南）；北美洲（美国、墨西哥、哥斯达黎加、巴拿马、古巴）；南美洲（厄瓜多尔）；大洋洲。广泛种植于世界各地。

E19 黄龙果

Hylocereus megalanthus （K. Schumann ex Vaupel） Ralf Bauer

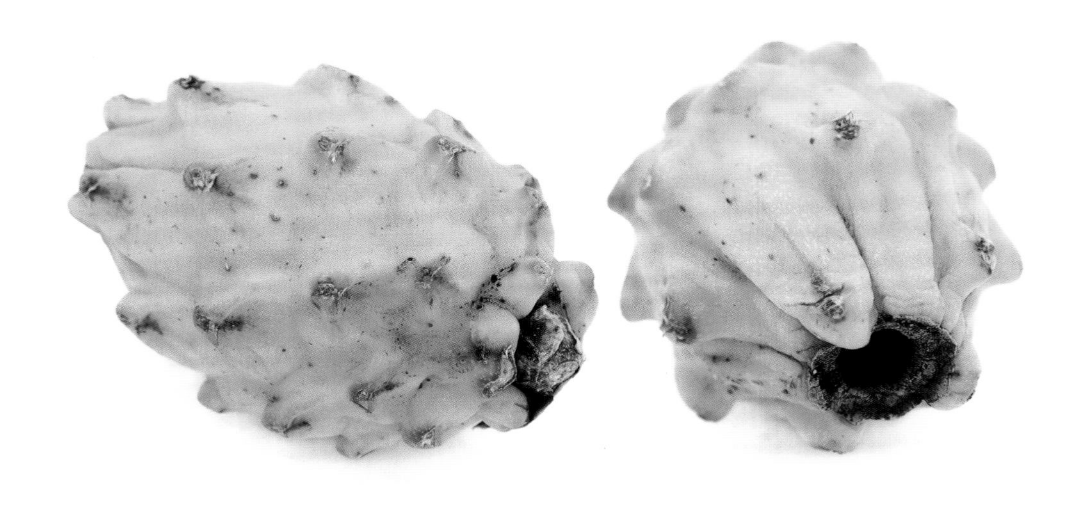

10 cm

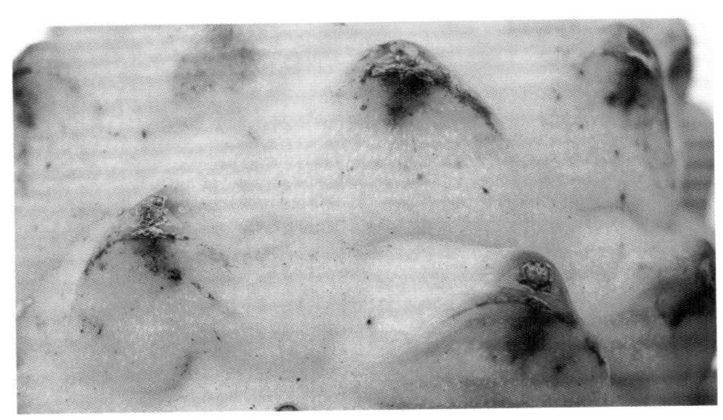

英 文 名 Yellow dragon fruit，Yellow pitahaya，Yellow pitaya。

中 文 名 黄麒麟量天尺 *、黄龙果、金龙果、燕窝果、麒麟果等。

分类地位 仙人掌科，量天尺属。

特　　征 果实呈椭圆形或长球形，直径 5~12 厘米，外观为黄色，表面具有瘤刺，果肉白色；种子小而多，黑色。

主要产地 亚洲（中国、越南、泰国）；南美洲（委内瑞拉、巴西、哥伦比亚、玻利维亚、厄瓜多尔、秘鲁）。

E20 仙人掌果

Opuntia stricta （Haw.） Haw.

5 cm

英文名 Opuntia。

中文名 仙人掌＊、仙人掌果、仙桃等。

分类地位 仙人掌科，仙人掌属。

特　　征 果实倒卵球形，长 4~6 厘米，直径 2.5~4 厘米，成熟时紫红色，顶端凹陷，基部多少狭缩成柄状，表面平滑无毛，每侧具 5~10 个突起的小窠（读音：[kē]），小窠具短绵毛、倒刺刚毛和钻形刺；种子扁圆形，边缘稍不规则，长 4~6 毫米，宽 4~4.5 毫米，厚约 2 毫米，淡黄褐色，多数，无毛。

主要产地 亚洲（中国）；非洲（南非）；北美洲（墨西哥）；大洋洲（澳大利亚）。

E21

刺篱木果 ★

Flacourtia indica （Burm. f.） Merr.

1 cm

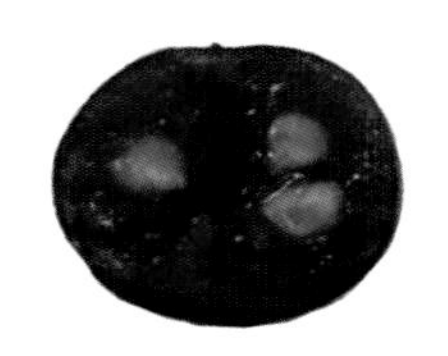

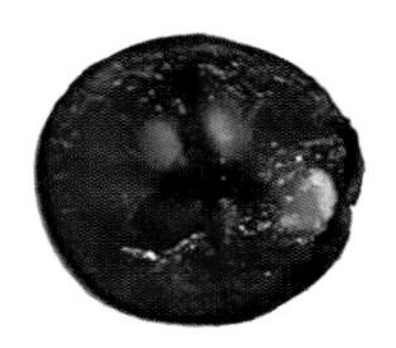

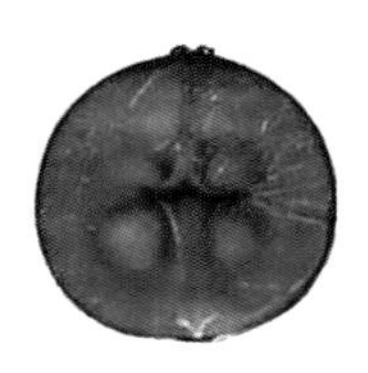

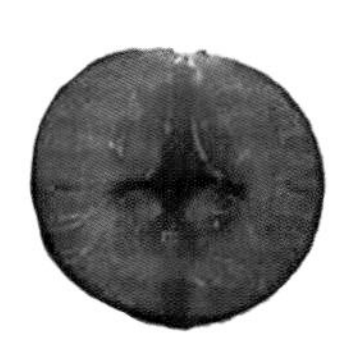

英 文 名 Ramontchi，Governor’s plum。

中 文 名 刺篱木 *、刺子、细祥竻（读音：[lè]）果。

分类地位 大风子科，刺篱木属。

特　　征 果实球形或椭圆形，直径 0.8~1.2 厘米，有纵裂 5~6 条，有宿存花柱；种子 5~6 颗。

主要产地 亚洲（中国、印度、印度尼西亚、菲律宾、柬埔寨、老挝、越南、马来西亚、泰国）；非洲。

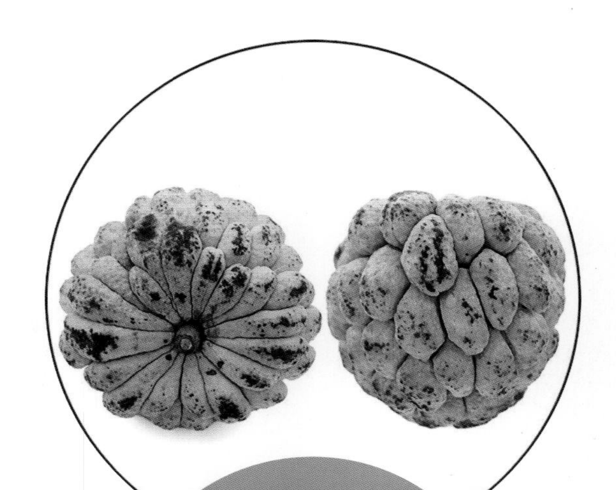

其他水果

F01 蕉 ★★★

Musa spp.

20 cm

英文名 Banana。

中文名 蕉*、香蕉、芭蕉、大蕉、红蕉等。

分类地位 芭蕉科，芭蕉属。

特　征 果实弯曲，通常略为浅弓形，长12~30厘米，直径3.4~3.8厘米，通常呈1~2排；果柄有短于1厘米的，也有长近4.5厘米的，果皮青绿色、黄色或红色等，果肉松软，黄白色；栽培品种通常无种子，野生种常充满种子。

主要产地 亚洲（中国、印度、泰国、菲律宾）；非洲（加那利群岛及埃塞俄比亚、喀麦隆、几内亚、尼日利亚）；北美洲（墨西哥、牙买加）；南美洲（巴西、哥伦比亚）。

F02

杨桃

Averrhoa carambola L.

10 cm

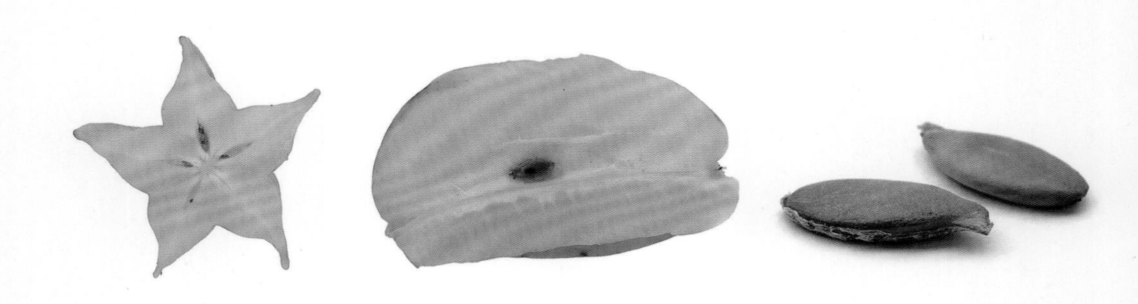

英 文 名 Starfruit，Carambola。

中 文 名 阳桃 *、杨桃、五敛子、五棱果（云南勐腊县）、五稔（广东）、洋桃（广东、广西）等。

分类地位 酢浆草科，阳桃属。

特　　征 果实肉质，长 5~15 厘米，淡绿色或蜡黄色，有时带暗红色，有 5 棱，少有 6 棱或 3 棱，横切面呈星芒状；种子黑褐色。

主要产地 亚洲（中国、马来西亚、泰国、印度尼西亚、以色列、菲律宾、印度）；北美洲（美国）；南美洲（巴西）；大洋洲（澳大利亚）。广泛种植于热带各地。

F03

椰子

Cocos nucifera L.

★★

20 cm

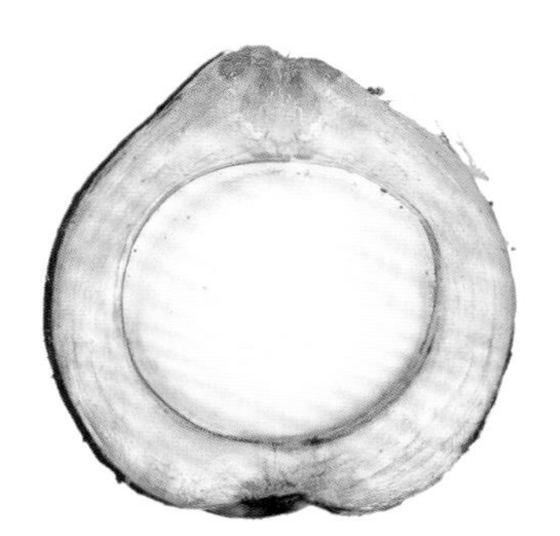

英 文 名 Coconut。

中 文 名 椰子 *、可可椰子等。

分类地位 棕榈科，椰子属。

特　　征 果实卵球形或近球形，长 15~25 厘米，顶端微具 3 棱，外果皮薄，中果皮厚纤维质，内果皮木质坚硬，基部有 3 孔，果腔含有胚乳、胚和汁液。

主要产地 亚洲（印度尼西亚、菲律宾、印度、斯里兰卡、越南、泰国、马来西亚、中国）；非洲（坦桑尼亚）；北美洲（墨西哥）；南美洲（巴西、委内瑞拉、智利）。

F04 蛇皮果

Salacca zalacca（Gaertn.） Voss

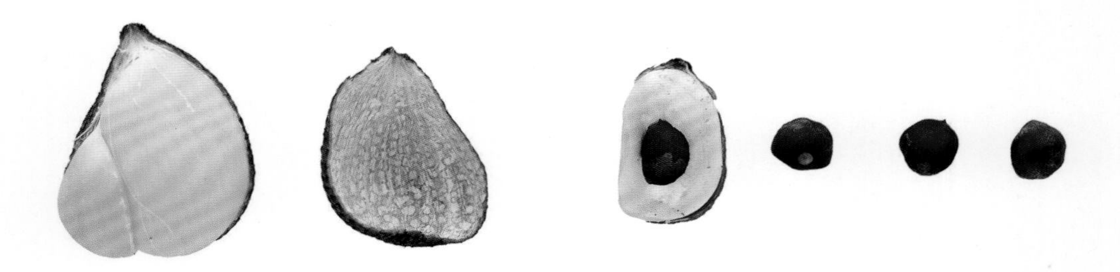

英 文 名 Salak，Snake fruit。

中 文 名 栽培蛇皮果 *、蛇皮果、沙叻（读音：[lè]）等。

分类地位 棕榈科，蛇皮果属。

特　　征 果实球形、陀螺形或卵球形，大小与无花果类似，顶端具残留柱头，外果皮薄，有覆瓦状反折的鳞片，鳞片顶尖光滑或呈刺状尖，中果皮薄，内果皮不明显；种子长圆形、球形或钝三棱形，1~3 颗。

主要产地 亚洲（印度尼西亚、苏门答腊岛、马来西亚、中国、印度）。

F05

槟榔 ★

Areca catechu L.

5 cm

英文名	Areca，Betel nut。
中文名	槟榔*、大腹子、宾门（广东）、橄榄子（福建）、青仔（台湾）等。
分类地位	棕榈科，槟榔属。
特　征	果实长圆形或卵球形，长 3~5 厘米，青绿色或橙黄色，中果皮厚，纤维质；种子卵形，基部截平，胚基生。
主要产地	亚洲（中国、菲律宾、马来西亚）；欧洲；非洲（东非各国）。

F06 糖棕 ★

Borassus flabellifer L.

10 cm

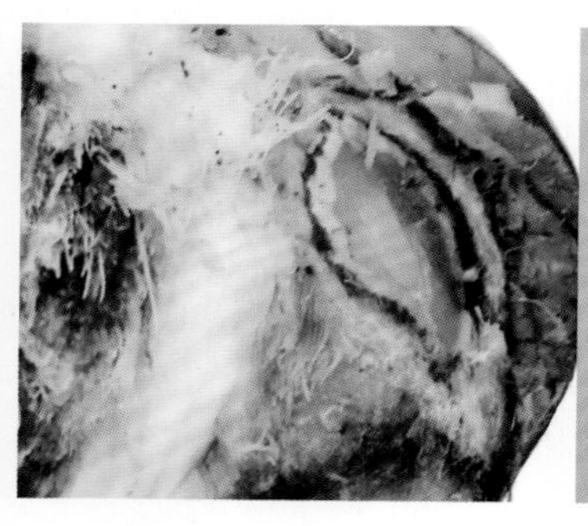

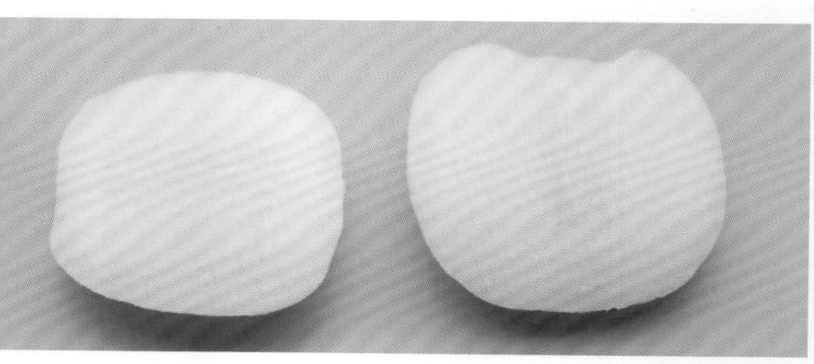

英 文 名 Ice-apple，Toddy palm，Sugar palm，Doub palm，Wine palm。

中 文 名 糖棕 *、冰苹果、海底椰等。

分类地位 棕榈科，糖棕属。

特　　征 果实近球形，直径 10~18 厘米，外果皮光滑，黑褐色，中果皮纤维质，内果皮由 3 个硬的分果核组成，包着种子。种子通常 3 颗，胚乳角质，均匀，乳白色，中央有一空腔，胚近顶生。

主要产地 亚洲（东南亚各国及印度、尼泊尔）。

F07

椰枣 ★

Phoenix dactylifera L.

2 cm

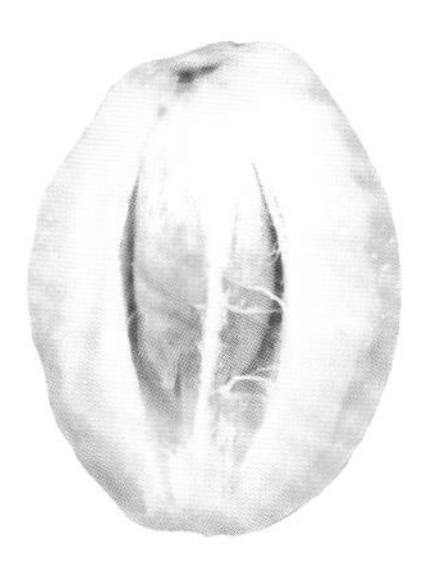

英文名 Date palm。

中文名 海枣*、椰枣、番枣、伊拉克枣、仙枣、无漏子、海棕、枣椰子等。

分类地位 棕榈科，刺葵属。

特　　征 果实长椭圆形，长3.5~6.5厘米，成熟时橙黄色、深橙黄色，果肉肥厚；种子1颗，扁平，两端锐尖，腹面具纵沟。

主要产地 亚洲（伊朗、沙特阿拉伯、伊拉克、巴基斯坦、阿联酋）；非洲（埃及、阿尔及利亚）。

F08 牛油果

★★★

Persea americana Mill.

英 文 名 Avocado。

中 文 名 鳄梨 *、牛油果、油梨、樟梨、酪梨等。

分类地位 樟科，鳄梨属。

特　　征 果实梨形或卵形，长 8~18 厘米，黄绿色或棕红色，果肉柔软，果皮粗糙如鳄鱼皮；种子圆形或长椭圆形，位于果实中央。

主要产地 亚洲（印度尼西亚）；欧洲（西班牙）；北美洲（墨西哥、危地马拉、多米尼加）；南美洲（秘鲁、哥伦比亚）。

F09 黄皮

★★★

Clausena lansium （Lour.） Skeels

英 文 名 Wampee。

中 文 名 黄皮 *、黄弹、黄段等。

分类地位 芸香科，黄皮属。

特　　征 果实圆形、椭圆形或阔卵形，长 1.5~3 厘米，宽 1~2 厘米，淡黄色至暗黄色，被细毛，果肉乳白色，半透明；种子 1~4 颗，子叶深绿色。

主要产地 亚洲（中国、越南、菲律宾、马来西亚、印度尼西亚）。

F10 杨梅

★★

Myrica rubra （Lour.） S. et Zucc.

英 文 名 Red bayberry，Yumberry，Waxberry。

中 文 名 杨梅 *、白蒂梅、朱红、珠蓉、山杨梅（浙江）、树梅（福建）等。

分类地位 杨梅科，杨梅属。

特　　征 果实球状，直径 1~1.5 厘米，栽培品种可达 3 厘米左右，成熟时深红色或紫红色，有的栽培品种白色，外果皮肉质，多汁液，味酸甜；核常为阔椭圆形或圆卵形，略成压扁状，长 1~1.5 厘米，宽 1~1.2 厘米，内果皮极硬，木质。

主要产地 亚洲（中国、日本、韩国、印度、缅甸、越南、菲律宾）。

F11

荔枝

Litchi chinensis Sonn.

2 cm

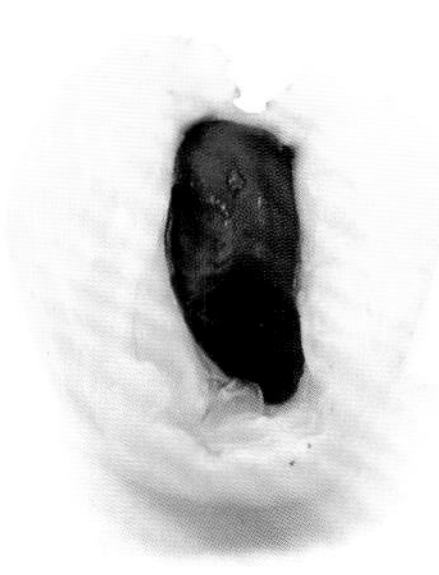

英 文 名 Lychee，Litchi，Lichee。

中 文 名 荔枝*、离枝等。

分类地位 无患子科，荔枝属。

特　　征 果实卵圆形至近球形，长 2~3.5 厘米，成熟时通常暗红色至鲜红色，果皮有鳞斑状突起，有一条中线，果肉半透明凝脂状；种子椭圆形或楔形，黑色，全部被肉质假种皮包裹。

主要产地 亚洲（中国、印度及东南亚各国）；非洲（南非）；北美洲（美国及加勒比海地区）；南美洲（巴西）；大洋洲（澳大利亚）。

F12 龙眼

Dimocarpus longan Lour.

英文名 Longan。

中文名 龙眼 *、桂圆、益智、羊眼（云南方言）、牛眼（部分客家语）等。

分类地位 无患子科，龙眼属。

特　　征 果实近球形，直径 1.2~2.5 厘米，通常黄褐色或有时灰黄色，外皮稍粗糙，或少有微突的小瘤体；种子茶黑褐色，光亮，全部被肉质的假种皮包裹。

主要产地 亚洲（中国、泰国、越南、老挝、缅甸、斯里兰卡、印度、菲律宾、马来西亚、印度尼西亚）；非洲（马达加斯加）；北美洲（美国）；大洋洲（澳大利亚）。

F13

红毛丹 ★★★

Nephelium lappaceum L.

5 cm

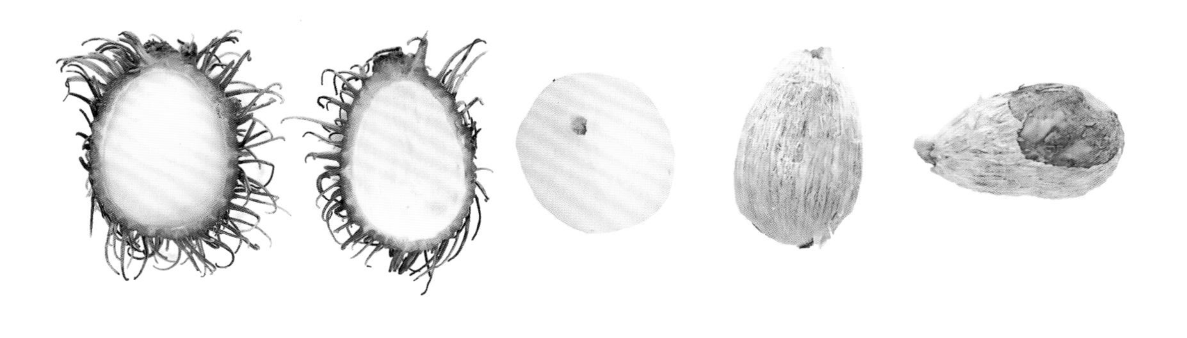

英文名 Rambutan。

中文名 红毛丹*、毛荔枝、韶子、红毛果、红毛胆、毛龙眼等。

分类地位 无患子科，韶子属。

特　　征 果实椭圆形，连刺长约 5 厘米，宽约 4.5 厘米，刺长约 1 厘米，红黄色。

主要产地 亚洲（中国、泰国、斯里兰卡、马来西亚、印度尼西亚、新加坡、菲律宾）；北美洲（美国夏威夷）；大洋洲（澳大利亚）。

F14

山竹

★★★

Garcinia mangostana L.

5 cm

英 文 名	Mangosteen。
中 文 名	莽吉柿 *、山竹、山竺、山竹子、倒捻子、凤果等。
分类地位	藤黄科，藤黄属。
特　　征	果实扁球形，直径 3.5~7 厘米，花萼宿存；壳厚硬呈深紫色，由 4 片果蒂盖顶；种子 4~5 颗，假种皮瓢状，多汁，白色。
主要产地	亚洲（泰国、印度尼西亚、马来西亚、菲律宾）。

F15 黄金山竹 ★

Garcinia humilis （Vahl） C. D. Adams

英 文 名 Golden mangosteen，Achacha，Abricotier batard。

中 文 名 黄金山竹 *、阿恰恰、恰恰山竹等。

分类地位 藤黄科，藤黄属。

特　　征 果实卵形或椭圆形，长 6 厘米，直径 4 厘米，成熟时呈橘红色，果肉白色；种子咖啡色，1~3 颗，其中有 1 颗较大。

主要产地 北美洲（海地、牙买加、特立尼达和多巴哥、巴拿马）；南美洲（玻利维亚、巴拉圭、圭亚那）；大洋洲（澳大利亚）。主要分布在南美洲亚马孙河盆地。

F16 莲雾

Syzygium samarangense（Blume） Merr. et L. M. Perry

5 cm

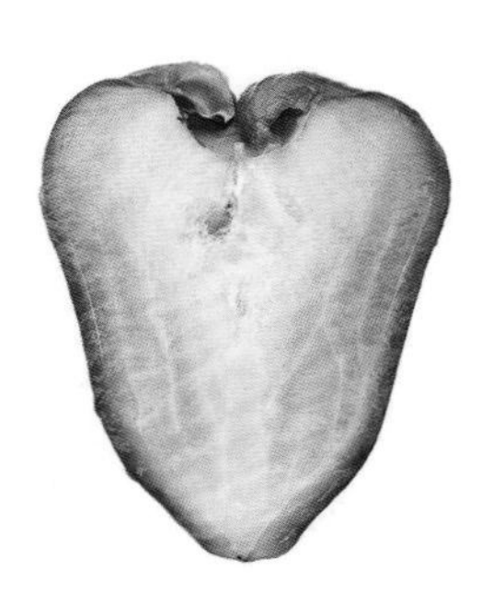

英文名 Wax apple，Java apple，Semarang rose-apple。

中文名 洋蒲桃 *、莲雾、紫蒲桃、水蒲桃、水石榴、天桃、辇（读音：[niǎn]）雾、爪哇浦桃、琏雾等。

分类地位 桃金娘科，蒲桃属。

特　征 果实梨形或圆锥形，长 4~7 厘米，颜色有白色、淡绿色、绿色、红色、紫色、黑色，顶部凹陷，呈钟形，有宿存的肉质萼片；种子 1 颗。

主要产地 亚洲（中国、印度、马来西亚、印度尼西亚）。

F17 蒲桃 ★

Syzygium jambos （L.） Alston

英文名 Syzygium jambos，Rose apple。

中文名 蒲桃 *、水蒲桃等。

分类地位 桃金娘科，蒲桃属。

特　征 果实球形，直径 3~5 厘米，成熟时黄色，也有淡绿色或红色的，果皮肉质，有油腺点；种子大，1~2 颗，多胚。

主要产地 亚洲（中国、印度及东南亚各国）。

F18 番石榴 ★★★

Psidium guajava L.

英文名	Guava，Yellow guava，Lemon guava。
中文名	番石榴 *、芭乐、鸡屎果、拔子、喇叭番石榴、那拔等。
分类地位	桃金娘科，番石榴属。
特征	果实球形、卵圆形或梨形，长 3~10 厘米，顶端有宿存萼片，果肉白色、黄色及淡红色，胎座肥大，肉质；种子多数。
主要产地	亚洲（中国、越南、印度、马来西亚）；非洲（北非各国）；北美洲；大洋洲（新西兰）。广泛种植于热带和亚热带地区。

F19 费约果 ★

Acca sellowiana （Berg） Burret

英 文 名 Feijoa。

中 文 名 凤榴 *、费约果、肥吉果、南美棯（读音：[rěn]）、菲油果、纳粹瓜等。

分类地位 桃金娘科，野凤榴属。

特 征 果实卵圆形或长圆形，如鸡蛋大小，外皮深绿色且有灰白色绒毛，顶部有宿萼，分为清晰的凝胶状带种子的果肉和较紧密的、略微颗粒状、不透明的果肉。

主要产地 亚洲（阿塞拜疆、格鲁吉亚、中国）；欧洲（法国、意大利）；北美洲（美国、墨西哥）；南美洲（哥伦比亚、乌拉圭、阿根廷）；大洋洲（新西兰）。

F20 红果仔 ★

Eugenia uniflora L.

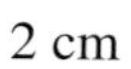

2 cm

英文名	Pitanga，Suriname cherry，Brazilian cherry。
中文名	红果仔 *、巴西红果、番樱桃、蒲红果、棱果蒲桃等。
分类地位	桃金娘科，番樱桃属。
特征	果实球形，直径 1~2 厘米，有 8 棱，果实成熟过程逐渐从绿色到黄色再到橙色，熟时深红色，果肉多汁；种子 1~2 颗。
主要产地	亚洲（中国）；南美洲（巴西、阿根廷、乌拉圭）。

F21 拐枣 ★

Hovenia acerba Lindl.

英文名 Raisin tree seed，Fruit of japanese raisin tree，Hovenia。

中文名 枳椇（读音：[zhǐ jǔ]）*、拐枣、天藤、鸡爪果、万字果等。

分类地位 鼠李科，枳椇属。

特　征 果实果柄膨大，肉质肥厚，多分枝，弯曲不直，形似鸡爪，在分枝及弯曲处常更膨大如关节状，分枝多呈“丁”字形或相互成垂直状，长 3~5 厘米或更长，直径 4~6 毫米；表面棕褐色，略具光泽，有纵皱纹，偶见灰白色的点状皮孔；种子直径 3~4 毫米，暗褐色或黑紫色。

主要产地 亚洲（中国、日本、朝鲜、印度、尼泊尔、不丹、缅甸）；欧洲（俄罗斯）。

F22 柿子

Diospyros kaki L. f.

英 文 名 Persimmon。

中 文 名 柿 *、柿子、朱果、红柿、林柿等。

分类地位 柿科，柿属。

特　　征 果实形状较多，如球形、扁球形、球形略呈方形、卵形等，直径 3.5~8.5 厘米，嫩时绿色，后变黄色、橙黄色；宿存萼 4 裂，方形或近圆形，近平扁，厚革质或干时近木质；果肉较脆硬，老熟时果肉变成柔软多汁；种子数颗，椭圆形，侧扁，长约 2 厘米，宽约 1 厘米，褐色，在栽培品种中通常无种子或有少数种子。

主要产地 亚洲（中国、日本、韩国及东南亚各国）；欧洲（法国、俄罗斯）；非洲（阿尔及利亚）；北美洲（美国）；大洋洲。

F23 石榴 ★★★

Punica granatum L.

5 cm

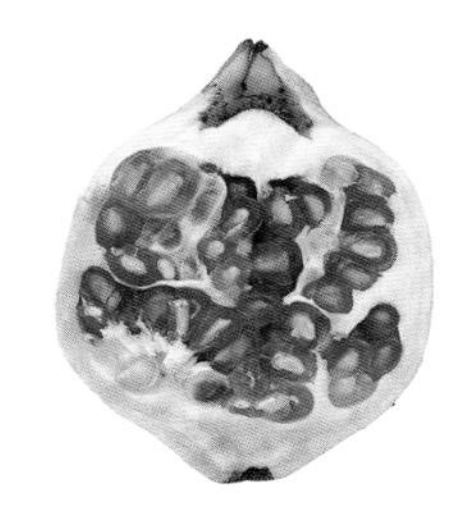

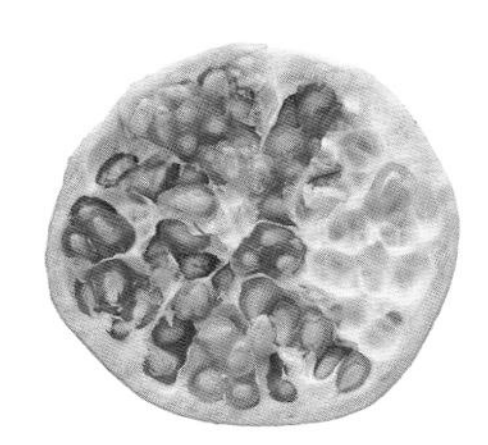

英文名 Pomegranate。

中文名 石榴 *、山力叶、丹若、若榴木、金罂、金庞、涂林、天浆等。

分类地位 石榴科，石榴属。

特　征 果实近球形，直径 5~12 厘米，通常为淡黄褐色或淡黄绿色，有时白色，少数暗紫色，多室、多籽，每室内有多数籽粒；种子多数，钝角形，红色至乳白色，肉质的外种皮供食用，内种皮为角质，也有退化变软的，即软籽石榴。

主要产地 亚洲（中国、印度、巴基斯坦、伊朗、阿富汗）；欧洲（地中海附近）；非洲；北美洲（美国）。广泛种植于世界各地。

F24

波罗蜜

Artocarpus heterophyllus Lam.

30 cm

英文名 Jackfruit。

中文名 波罗蜜*、大树波罗、苞萝、木波罗、蜜冬瓜、牛肚子果等。

分类地位 桑科，波罗蜜属。

特　征 果实为聚花果，椭圆形、球形或不规则形状，长 30~100 厘米，直径 25~50 厘米，重 5~20 千克，幼果黄绿色，成熟时黄褐色，表面有坚硬六角形瘤状凸体和粗毛；种子长椭圆形，长约 3 厘米，直径 1.5~2 厘米，褐色。

主要产地 亚洲（印度、孟加拉国、泰国、印度尼西亚、尼泊尔、越南、中国、马来群岛）；南美洲（巴西）。

F25 香波罗蜜 ★

Artocarpus odoratissimus Blanco

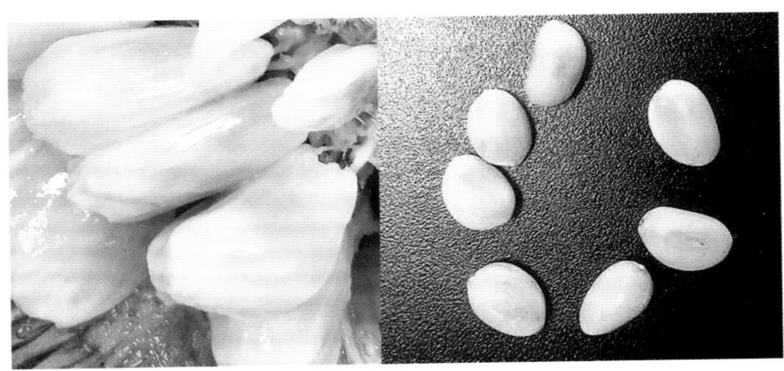

英文名 Marang，Johey oak，Green pedalai，Madang，Tarap，Timadang。

中文名 香波罗蜜 *、马来亚木波罗、香波罗、沙巴果、马江、打腊等。

分类地位 桑科，波罗蜜属。

特征 果实为聚花果，圆形或卵形，长 15~20 厘米，直径 13~15 厘米，重约 1 千克；外观类似波罗蜜和面包果，成熟时黄绿色，厚皮覆盖着粗软的刺；果肉多数，呈白色，肉质较软，大小像葡萄，具有强烈气味；种子长 1.5 厘米，宽 0.8 厘米。

主要产地 亚洲（文莱、印度尼西亚、马来西亚、菲律宾、泰国、印度）。

F26 无花果

Ficus carica L.

5 cm

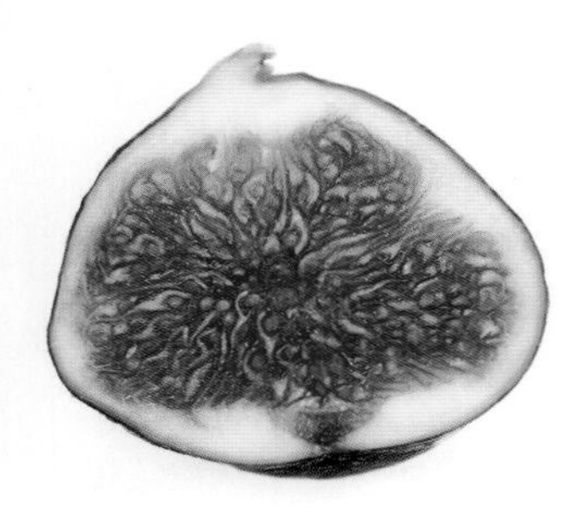

英文名 Common fig。

中文名 无花果*、映日果、优昙钵、蜜果、文仙果、奶浆果、品仙果等。

分类地位 桑科，榕属。

特　　征 果实梨形，直径 3~5 厘米，成熟时紫红色或黄色，顶部凹陷，瘦果透镜状。

主要产地 亚洲（土耳其、伊朗、叙利亚、中国、沙特阿拉伯）；欧洲；非洲（埃及、阿尔及利亚、摩洛哥、突尼斯）；北美洲（美国）；南美洲（巴西）。

F27 芒果 ★★★

Mangifera indica L.

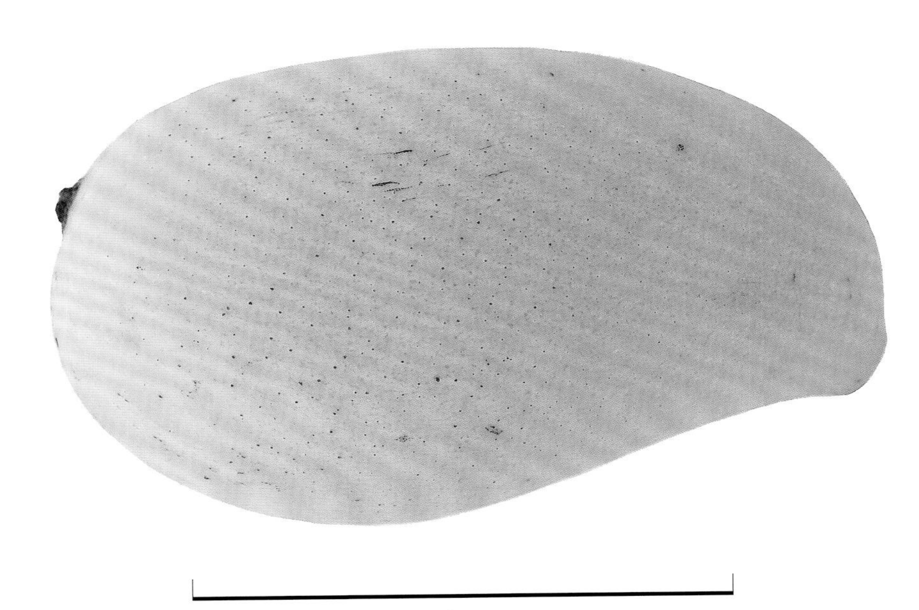

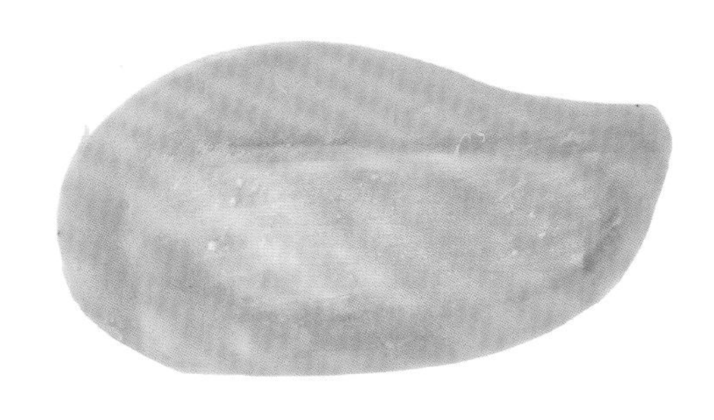

英文名 Mango。

中文名 杧果*、芒果、闷果、马蒙、抹猛果、莽果、望果、蜜望等。

分类地位 漆树科，杧果属。

特　征 果实肾形，长5~20厘米，宽3~12厘米，外果皮一般为黄色，根据其品种不同，也可能为绿色、红色或紫色等，中果皮肉质肥厚，鲜黄色；果核1颗，扁长坚硬。

主要产地 亚洲（印度、中国、泰国、印度尼西亚、巴基斯坦、孟加拉国、马来西亚、菲律宾）；非洲（埃及）；北美洲（墨西哥）；南美洲（巴西）。广泛种植于温带和热带地区。

F28 枇杷芒 ★

Bouea macrophylla Griff.

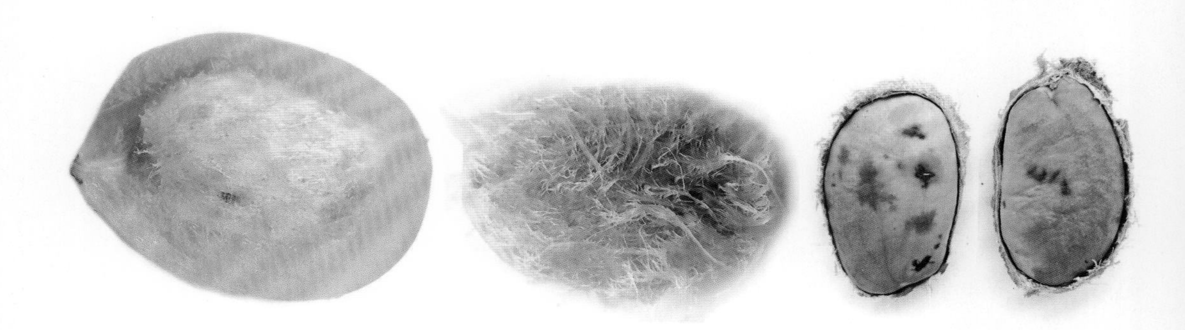

英文名	Gandaria，Marian plum，Plum mango。
中文名	枇杷杧果 *、枇杷芒、庚大利等。
分类地位	漆树科，士打树属。
特征	果实形似枇杷，直径 2~5 厘米，未成熟时为绿色，成熟后为橙黄色，果味从甜到酸，口感松软；核大，内有种子 1 颗，呈粉红色。
主要产地	亚洲（泰国、老挝、印度尼西亚、马来西亚、缅甸）。

F29 人面子 ★

Dracontomelon duperreanum Pierre

2 cm

英文名 Indochina gragonplum。

中文名 人面子*、仁面果、银莲果、长寿果、人面果等。

分类地位 漆树科，人面子属。

特　征 果实球形或扁球形，长约2厘米，直径约2.5厘米，黄绿色；果核压扁，直径1.7~1.9厘米，上面盾状凹入，5室，通常1~2室不育；种子3~4颗。

主要产地 亚洲（中国、越南）。

F30 番橄榄 ★

Spondias dulcis Soland. ex Forst. f.

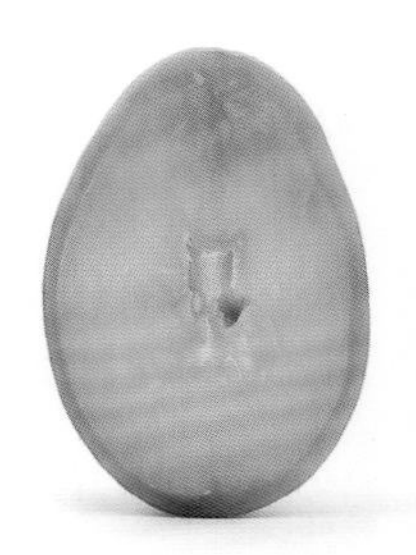

英文名 Ambarella，Golden apple。

中文名 南洋橄榄 *、番橄榄、食用槟榔青、金酸枣、加耶芒果、太平洋橄榄、莎梨等。

分类地位 漆树科，槟榔青属。

特　征 果实椭圆形或卵形，长 4~6 厘米，直径 2~4 厘米，成熟时黄色，芳香，口感很像未成熟的青芒果，微酸中略带一点甜味；果核近五棱形，散生刺状突起或粗细不等的纤维状丝。

主要产地 亚洲（中国、印度、马来西亚、印度尼西亚）；北美洲（牙买加、巴拿马、古巴、海地、多米尼加、特立尼达和多巴哥）；南美洲（委内瑞拉）。主要分布于中南半岛及太平洋群岛热带、亚热带地区。

F31 红酸枣 ★

Spondias purpurea L.

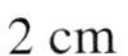

2 cm

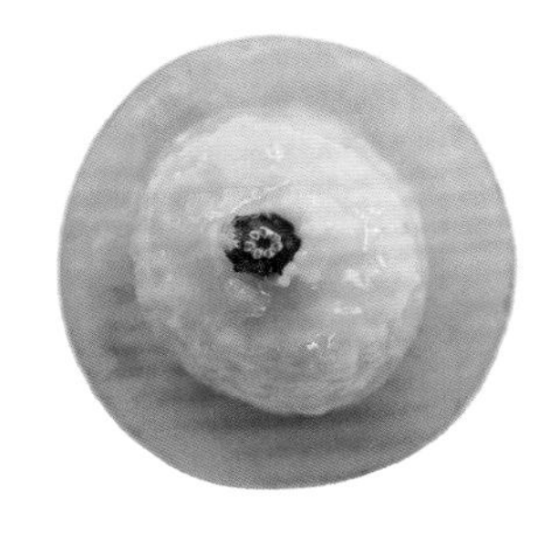

英文名 Jocote，Red mombin，Plum，Purple mombin，Hog plum，Ciruela。

中文名 紫槟榔青 *、红酸枣等。

分类地位 漆树科，槟榔青属。

特　征 果实卵形，长 3~5 厘米，宽 2~3.5 厘米，成熟时红色，有时黄色；种子大，1 颗。

主要产地 亚洲（菲律宾）；非洲（尼日利亚）；北美洲（美国、牙买加、海地、巴拿马、萨尔瓦多）；南美洲（厄瓜多尔）。广泛栽培于热带地区。

F32 番荔枝

★★★

Annona squamosa L.

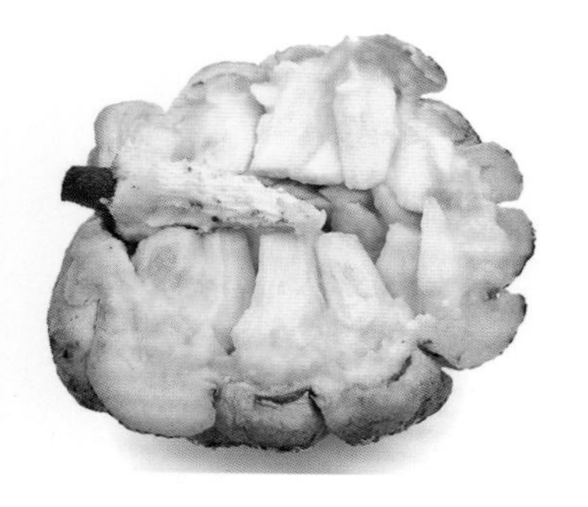

英 文 名 Sugar apple。

中 文 名 番荔枝 *、赖球果、佛头果、释迦、洋波罗、唛螺陀、林檎等。

分类地位 番荔枝科，番荔枝属。

特　　征 果实球形、卵圆形或梨形，直径 5~10 厘米，黄绿色，无毛，外皮形成许多突起，有白色粉霜；种子多数，黑色。

主要产地 亚洲（印度尼西亚、泰国、中国）；北美洲（美国）；南美洲（巴西）。广泛种植于热带和亚热带地区。

F33 毛叶番荔枝

★★

Annona cherimola Mill.

10 cm

英 文 名 Cherimoya。

中 文 名 秘鲁番荔枝 *，毛叶番荔枝等。

分类地位 番荔枝科，番荔枝属。

特　　征 果实球形、卵圆形或梨形，长 10~20 厘米，直径 5~10 厘米，果皮绿褐色，呈凹痕状或结瘤状，果肉白色，与种子易分离；种子长卵圆形，长 1~2 厘米，黑色多数，有光泽。

主要产地 亚洲（印度、新加坡、泰国、中国）；欧洲（法国、意大利、西班牙）；非洲（阿尔及利亚、埃及、利比亚）；南美洲（厄瓜多尔、秘鲁、智利）。

F34 刺果番荔枝

Annona muricata L.

英文名 Soursop。

中文名 刺果番荔枝 *、红毛榴莲（东南亚）、番榴莲等。

分类地位 番荔枝科，番荔枝属。

特　　征 果实卵圆形，长 10~35 厘米，直径 7~15 厘米，深绿色。幼时有下弯的刺，刺随后逐渐脱落而残存有小突体，果肉微酸多汁，白色；种子多颗，肾形，长 1.7 厘米，宽约 1 厘米，黑褐色。

主要产地 亚洲（中国及东南亚各国）；南美洲。

F35 榴莲 ★★★

Durio zibethinus Murr.

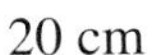

20 cm

英文名 Durian。

中文名 榴莲*、榴梿、麝（读音：[shè]）香猫果等。

分类地位 木棉科，榴莲属。

特　征 果实椭圆形，长 15~30 厘米，宽 13~15 厘米，表皮淡黄色或黄绿色，具有许多突起尖锥刺；每室种子 2~6 颗，假种皮白色或黄白色，有强烈的气味。

主要产地 亚洲（中国、印度、斯里兰卡及东南亚各国）；北美洲（美国）；大洋洲（澳大利亚）。

F36 木奶果 ★

Baccaurea ramiflora Lour.

英文名 Burmese grape。

中文名 木奶果 *、白皮、山萝葡、山豆、木荔枝、大连果、树葡萄等。

分类地位 大戟科，木奶果属。

特　　征 果实圆形或椭圆形，直径 2.5~3.5 厘米，黄色到粉红色、鲜红色或紫色，无毛，不开裂；种子扁椭圆形或近圆形，长 1~1.3 厘米，1~3 颗，有白色的假种皮。

主要产地 亚洲（中国、印度、缅甸、泰国、越南、老挝、柬埔寨、马来西亚）。

F37 油甘子 ★

Phyllanthus emblica L.

2 cm

英 文 名 Emblic。

中 文 名 余甘子*、油甘子、庵摩勒、米含、望果、木波、七察哀喜、噜公膘、滇橄榄等。

分类地位 大戟科，叶下珠属。

特　　征 果实圆球形，直径 2~3.5 厘米，果肉绿白色或淡黄白色；种子 1 颗，直径约 1 厘米，有 6 条明显的棱，其中 3 条棱上有小毛刺。

主要产地 亚洲（中国、印度、斯里兰卡、印度尼西亚、马来西亚、菲律宾及中南半岛）；南美洲。

F38 龙贡

Lansium parasiticum （Osbeck） K. C. Sahni et Bennet

英 文 名	Langsat，Lanzones，Duku，Longkong。
中 文 名	龙宫 *、龙贡、椰色果、爱情果、兰撒果、卢菇、冷刹、杜酷、蓝萨果等。
分类地位	楝科，椰色木属。
特 征	果实长 1.5~7 厘米，比龙眼略大，表皮为黄色，剥开后内部色泽与龙眼、荔枝类似，常见杜酷和兰撒两种，杜酷较大，圆形，果皮厚；兰撒椭圆形，果皮薄。果肉软嫩香甜，味道独特，但和山竹一样分成几瓣；种子在大瓣中，苦涩不能食用。
主要产地	亚洲（马来西亚、泰国、菲律宾、印度尼西亚、柬埔寨、印度、越南）。

F39

山陀儿

Sandoricum koetjape （Burm. f.） Merr.

5 cm

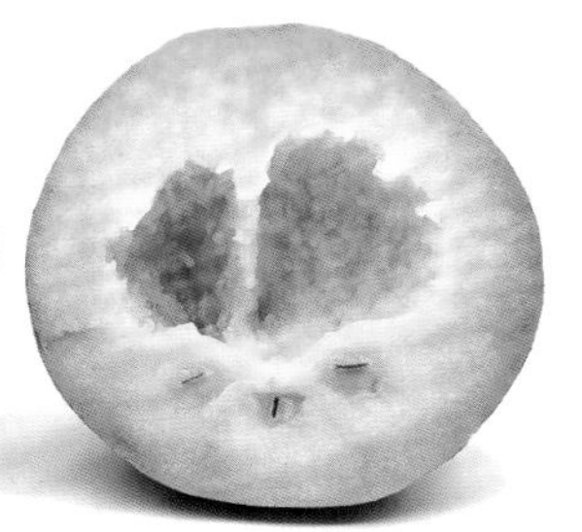

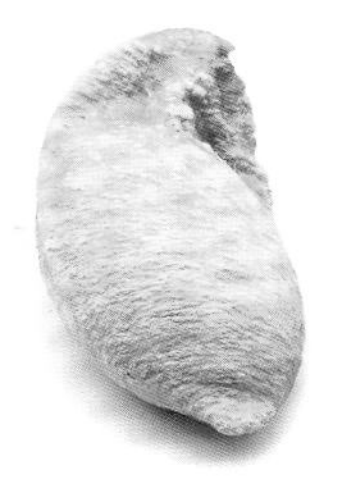

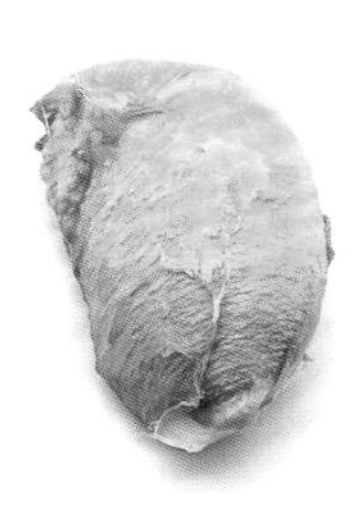

英 文 名 Santol。

中 文 名 仙都果*、山陀儿、山道楝等。

分类地位 楝科，仙都果属。

特　　征 果实球形或扁球形，形似山竹，有毛，果实成熟时淡棕色、金黄色或红色，果肉白色，外层果肉较硬，味略酸，果心则非常绵软顺滑，味甜。种子靠近中央，棕色。

主要产地 亚洲（马来西亚、菲律宾、印度、斯里兰卡、印度尼西亚、泰国）。

F40

蛋黄果

Pouteria campechiana （Kunth） Baehni

英 文 名 Canistel，Eggfruit，Egg yolk fruit。

中 文 名 蛋黄果*、狮头果、桃榄、仙桃、鸡蛋果等。

分类地位 山榄科，桃榄属。

特　　征 果实倒卵形或球形，长约 8 厘米，成熟后黄绿色至橙黄色，无毛，外果皮极薄，中果皮肉质，肥厚，蛋黄色；种子通常 2~4 颗，椭圆形，压扁状，长 4~5 厘米，黄褐色，具光泽，疤痕侧生，长圆形，几乎与种子等长。

主要产地 亚洲（中国、菲律宾、印度、斯里兰卡、缅甸、越南、柬埔寨、泰国）；南美洲。

F41 黄晶果 ★

Pouteria caimito （Ruiz et Pav.） Radlk.

5 cm

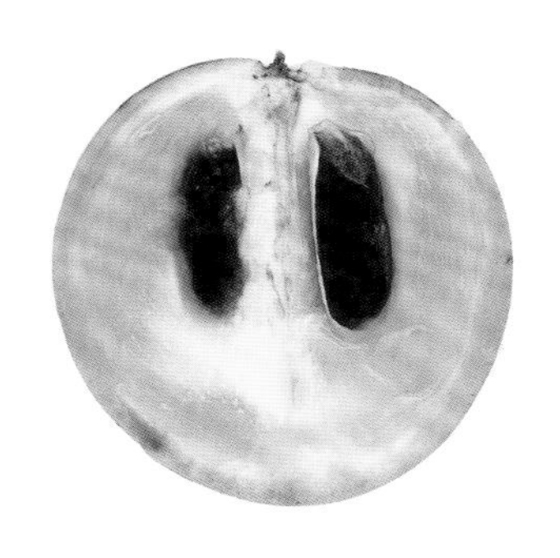

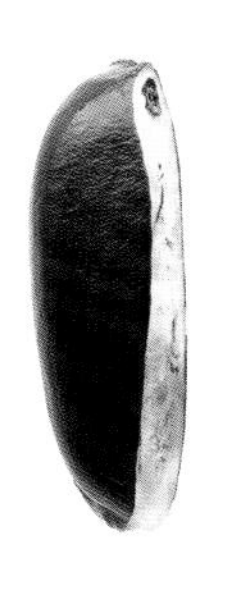

英文名 Abiu。

中文名 黄晶果*、黄金果、雅美果、亚美果、加蜜蛋黄果等。

分类地位 山榄科，桃榄属。

特　　征 果实圆形或椭圆形，长 3~9 厘米，成熟时黄色，果肉白色，半透明；种脐与种子等长。

主要产地 南美洲（巴西、委内瑞拉、秘鲁、哥伦比亚、厄瓜多尔）。

F42

人心果

Manilkara zapota （L.） P. Royen

5 cm

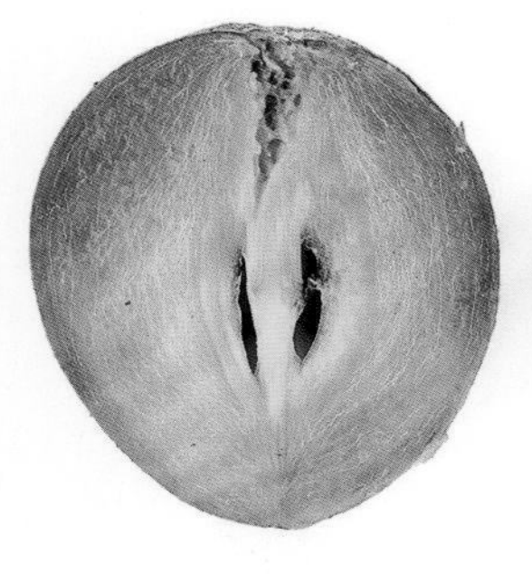

英 文 名 Sapodilla。

中 文 名 人心果 *、吴凤柿、赤铁果、奇果、牛心梨等。

分类地位 山榄科，铁线子属。

特　　征 果实纺锤形、卵形或球形，长 4~8 厘米，褐色，果肉黄褐色；种子 1~6 颗，扁平，黑色，坚硬光滑，种脐长，白色。

主要产地 亚洲（中国、孟加拉国）；北美洲（墨西哥、古巴）；南美洲（委内瑞拉）。

F43

牛奶果

Chrysophyllum cainito L.

★

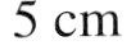

5 cm

英 文 名 Star apple。

中 文 名 星苹果*、牛奶果、星萍果等。

分类地位 山榄科，金叶树属。

特　　征 果实圆形或椭圆形，光滑，长 3.5~5 厘米，宽 4.5~5.5 厘米，未成熟时绿色，具白色黏质乳汁，成熟时紫色，果肉白色，半透明胶状，味甜可口，果实横切，胞室自中心向四周辐射呈星状；种子 4~8 颗，倒卵形，长 9 毫米，宽 4 毫米，厚约 2.5 毫米，紫黑色，种脐倒披针形。

主要产地 亚洲（东南亚各国）；非洲（尼日利亚）；北美洲（加勒比海地区）。

F44 神秘果 ★

Synsepalum dulcificum （Schumach. et Thonn.） Daniell

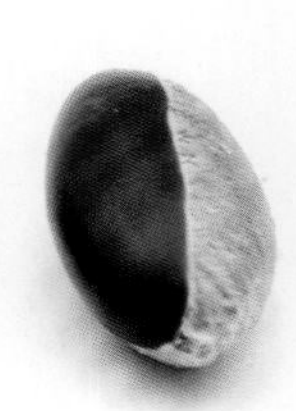

英 文 名 Miracle fruit，Miracle berry，Miraculous berry。

中 文 名 神秘果 *、变味果、奇迹果、甜蜜果等。

分类地位 山榄科，神秘果属。

特　　征 果实椭圆形，长约 2 厘米，红色；种子 1 至数颗，长椭圆形，种皮褐色坚硬，过半种皮粗糙，剩余光滑。

主要产地 亚洲（中国）；非洲（加纳、刚果、贝宁、喀麦隆、中非、加蓬、尼日利亚、特立尼达和多巴哥）。

F45

沙棘果 ★

Hippophae rhamnoides L.

英文名　Sanddorn seaberry。

中文名　沙棘 *、醋柳果（山西）、黑刺果（青海）、酸刺果（内蒙古）等。

分类地位　胡颓子科，沙棘属。

特　征　果实圆球形，直径 5~7 毫米，橙黄色或橘红色；种子阔椭圆形至卵形，有时稍扁，长 3~4.2 毫米，黑色或紫黑色，具光泽。

主要产地　亚洲（中国、印度、尼泊尔、不丹、蒙古）；欧洲（俄罗斯、芬兰、波兰、德国、法国、意大利、罗马尼亚）；北美洲（美国、加拿大）。

F46

羊奶果 ★

Elaeagnus conferta Roxb.

2 cm

英 文 名 Bastard oleaster，Wild olive。

中 文 名 密花胡颓（读音：[tuí]）子 *、羊奶果、羊奶子、牛虱子果等。

分类地位 胡颓子科，胡颓子属。

特　　征 果实长椭圆形或矩圆形，长 2~4 厘米，直径 1 厘米，成熟时红色，被鳞片；果核纺锤形，两端窄狭，具明显的 8 肋，内面具褐色丝状长棉毛。

主要产地 亚洲（中国、越南、马来西亚、印度尼西亚、印度、尼泊尔）。

F47

橄榄

Canarium album （Lour.） Raeusch.

2 cm

英 文 名 Olive。

中 文 名 橄榄 *、黄榄、青果、山榄、白榄、红榄、青子、谏果、忠果等。

分类地位 橄榄科，橄榄属。

特　　征 果实卵圆形至纺锤形，横切面近圆形，长 2.5~3.5 厘米，成熟时黄绿色，无毛，外果皮厚；核硬，两端尖，核面有沟纹，内有种子 1~3 颗。

主要产地 亚洲（中国、越南、日本、老挝、柬埔寨、泰国、缅甸、印度、马来西亚）。

F48 乌榄 ★

Canarium pimela Leenh.

2 cm

英文名 Chinese black olive。

中文名 乌榄 *、木威子、黑榄等。

分类地位 橄榄科，橄榄属。

特　征 果实狭卵圆形，长 3~4 厘米，直径 1.7~2 厘米，成熟时紫黑色，横切面圆形至不明显的三角形，外果皮较薄，干时有细皱纹。核硬，两端尖，横切面近圆形，核盖厚约 0.3 厘米，平滑或在中间有一不明显的肋凸；种子 1~2 颗。

主要产地 亚洲（中国、越南、老挝、柬埔寨）。

F49

菠萝

★★★

Ananas comosus （L.） Merr.

英 文 名 Pineapple。

中 文 名 凤梨 *、菠萝、黄梨、露兜子等。

分类地位 凤梨科，凤梨属。

特　　征 果实球形，由增厚肉质的中轴、肉质的苞片和螺旋排列不发育的子房连成一个多汁的聚花果，长 10~20 厘米，顶常冠有退化、旋叠状的叶丛。

主要产地 亚洲（菲律宾、泰国、印度、印度尼西亚、中国、马来西亚）；北美洲（美国、哥斯达黎加）；南美洲（巴西、巴拉圭、阿根廷）。主要分布在热带地区。

F50

番木瓜

Carica papaya L.

10 cm

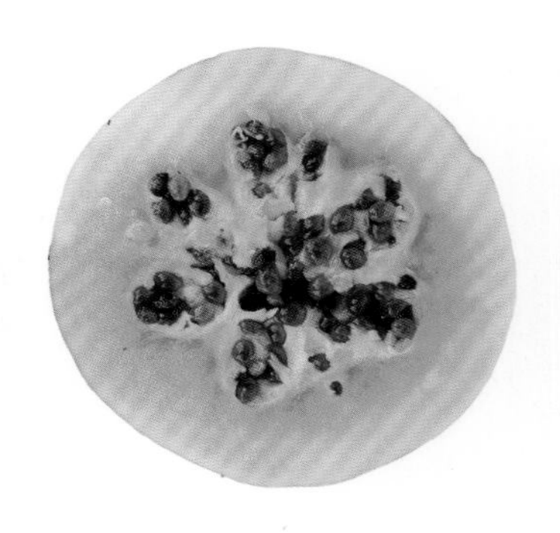

英 文 名 Papaya，Pawpaw。

中 文 名 番木瓜 *、乳瓜、木瓜、满山抛、树冬瓜等。

分类地位 番木瓜科，番木瓜属。

特　　征 果实长圆球形、近圆球形或梨形，长 10~30 厘米，成熟时橙黄色或黄色，果肉柔软多汁，味香甜；种子多数，卵球形，成熟时黑色，外种皮肉质，内种皮木质，具皱纹。

主要产地 亚洲（中国及东南亚各国）；北美洲（美国）；南美洲；大洋洲（澳大利亚）。广泛种植于热带和亚热带地区。

F51 酸角 ★

Tamarindus indica L.

英文名 Tamarind。

中文名 酸豆 *、酸角、酸梅（海南）、罗望子（台湾）、通血图、木罕、曼姆、甜角、甜目坎等。

分类地位 豆科，酸豆属。

特　　征 果实肥厚，圆筒形，直或弯曲，常不规则地缢缩，长 8~15 厘米，宽 2~3 厘米，灰褐色，果肉棕色或红棕色；种子 3~14 颗，褐色，有光泽。

主要产地 亚洲（印度、沙特阿拉伯、阿曼、中国及东南亚各国）；非洲（苏丹、喀麦隆、尼日利亚、坦桑尼亚）；北美洲（墨西哥）；大洋洲（澳大利亚）。

F52 牛蹄豆

Pithecellobium dulce （Roxb.） Benth.

英 文 名 Manila tamarind，Monkeypod。

中 文 名 牛蹄豆 *、金龟树果等。

分类地位 豆科，猴耳环属。

特　　征 果实荚果，长 10~13 厘米，宽约 2 厘米，红绿色，成熟时暗红色，膨胀，旋卷；种子黑色，有光泽，包于白色或粉红色的肉质假种皮内。

主要产地 亚洲（印度、泰国、孟加拉国、菲律宾、越南、中国）；非洲；北美洲（美国、墨西哥、巴拿马）；南美洲（巴西）；大洋洲。广泛分布于热带干旱地区。

F53 木通果 ★

Akebia trifoliata （Thunb.） Koidz.

英文名 Akebia fruit。

中文名 三叶木通 *、木通果、八月瓜、八月瓜藤（广东）、三叶拿藤（浙江）、八月楂（江苏）、活血藤、甜果木通、拿藤、爆肚拿（江西）等。

分类地位 木通科，木通属。

特　　征 果实长圆形，直或稍弯，长 10~20 厘米，直径 7~10 厘米，成熟时灰白略带淡紫色；种子极多数，扁卵形，长 5~7 毫米，宽 4~5 毫米，种皮红褐色或黑褐色，稍有光泽。

主要产地 亚洲（中国、日本）。

F54 鸡嗉子 ★

Cornus capitata Wall.

英 文 名	Bentham's cornel，Himalayan flowering dogwood，Evergreen dogwood。
中 文 名	头状四照花 *、鸡嗉子、山覆盆、一枝箭等。
分类地位	山茱萸科，山茱萸属。
特 征	果实扁球形，直径 1.5~2.4 厘米，成熟时紫红色，形似鸡嗉子；种子多数，淡褐色。
主要产地	亚洲(中国、印度、尼泊尔、老挝、巴基斯坦、越南、缅甸)；大洋洲(新西兰)。

F55 黑老虎 ★

Kadsura coccinea （Lem.） A. C. Smith

5 cm

英 文 名 Kadsura。

中 文 名 黑老虎 *、布福娜、臭饭团、过山龙藤、大叶南五味等。

分类地位 木兰科，南五味子属。

特　　征 果实为聚合果，近球形，通常直径 6~10 厘米，红或暗紫色；小果倒卵形，长约 4 厘米，外果皮革质；种子心形或卵状心形，长 1~1.5 厘米，宽 0.8~1 厘米。

主要产地 亚洲（中国、越南、泰国、缅甸、老挝）。

F56 枸杞 ★

Lycium barbarum L.

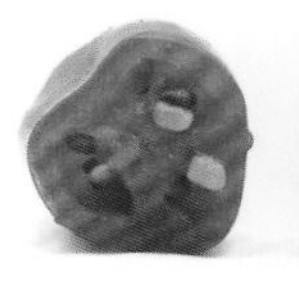

英 文 名 Chinese wolfberry，Chinese boxthorn，Himalayan goji，Tibetan goji。

中 文 名 宁夏枸杞 *、枸杞等。

分类地位 茄科，枸杞属。

特　　征 果实卵形、矩圆形、广椭圆形或近球形，顶端尖或钝，通常 0.7~2.2 厘米，直径 0.5~0.8 厘米，红色；种子 10~60 颗，扁肾脏形，长 2.5~3 毫米，黄色。

主要产地 亚洲（中国）；欧洲（地中海沿岸地区）。

F57

胭脂果 ★

Elaeocarpus prunifolioides Hu

2 cm

英文名 ——。

中文名 樱叶杜英*、胭脂果、鬼眼睛等。

分类地位 杜英科，杜英属。

特　征 果实椭圆形，长 1.5~1.7 厘米，宽约 1 厘米，两端圆，成熟时紫黑色，内果皮骨质，表面近于平滑；种子 1 颗，长约 1 厘米。

主要产地 亚洲（中国）。

F58

蓬莱蕉

Monstera deliciosa Liebm.

★

英 文 名	Monstera deliciosa，Mexican breadfruit，Penglai banana。
中 文 名	龟背竹 *、蓬莱蕉等。
分类地位	天南星科，龟背竹属。
特　　征	果实形似覆着六角形鳞片的绿色玉米穗，长 25 厘米，宽 3~4 厘米。未成熟的果实食用后会对口腔有刺激性，成熟后散发菠萝和香蕉的混合气味，味美可食，但常具麻味。
主要产地	北美洲（墨西哥、洪都拉斯、哥斯达黎加、危地马拉、尼加拉瓜、巴拿马）。

F59 刺黄果 ★

Carissa carandas L.

2 cm

  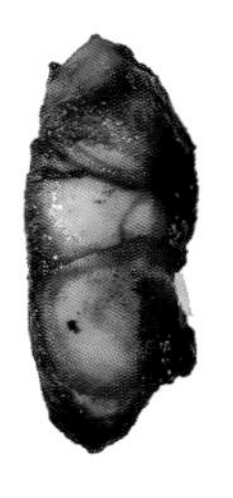  

英 文 名 Bengal currant。

中 文 名 刺黄果 *、林那果、红彩果等。

分类地位 夹竹桃科，假虎刺属。

特　　征 果实球形或椭圆形，长 1.5~2.5 厘米，直径 1~2 厘米，紫黑色；种子多数，呈压扁状而内凹，长圆形，互相堆叠。

主要产地 亚洲（中国、尼泊尔、阿富汗、印度、斯里兰卡、缅甸、泰国、印度尼西亚）。

豆类篇

G01 大豆

Glycine max （L.） Merr.

英文名 Soya bean，Black soya bean，Greensoyabean。

中文名 大豆 *、黄豆、菽（读音：[shū]）、毛豆、黑豆、黑大豆、櫓（读音：[lǔ]）豆、稽豆、枝仔豆、马料豆、青豆、青大豆等。

分类地位 豆科，大豆属。

特　　征 种子椭圆形或近球形，长 0.6~1.2 厘米，宽 0.5~0.9 厘米，外表皮黄色、绿色或黑色，子叶黄色或绿色，种皮光滑，种脐明显，长椭圆形、淡黄白色。

主要产地 亚洲（中国、印度）；欧洲；北美洲（美国、加拿大）；南美洲（巴西、巴拉圭、阿根廷、玻利维亚）。广泛种植于世界各地。

G02 红豆 ★★★

Vigna angularis （Willd.） Ohwi et Ohashi

英文名 Adzuki bean。

中文名 赤豆*、红豆、小豆、红小豆、红赤豆等。

分类地位 豆科，豇（读音：[jiāng]）豆属。

特　　征 种子长圆形，长 0.5~1.2 厘米，宽 0.4~0.8 厘米，外表皮暗红色而光亮，两头截平或近浑圆，种脐不凹陷。

主要产地 亚洲（中国、日本、韩国、印度、缅甸、柬埔寨、老挝、越南、马来西亚、印度尼西亚）；非洲（刚果、安哥拉）；北美洲（美国）；南美洲；大洋洲（新西兰）。

G03 绿豆

Vigna radiata （L.） Wilczek

英 文 名 Golden gram，Greed gram，Mung bean。

中 文 名 绿豆 *、青小豆、菉（读音：[lù]）豆、植豆等。

分类地位 豆科，豇豆属。

特　　征 种子短圆柱形，长 0.25~0.4 厘米，宽 0.25~0.3 厘米，淡绿色或黄褐色，种脐白色而不凹陷。

主要产地 亚洲（中国、韩国、缅甸及南亚和东南亚各国）；欧洲；非洲；北美洲（美国）。

黑绿豆 ★

Vigna mungo （L.） Hepper

1 cm

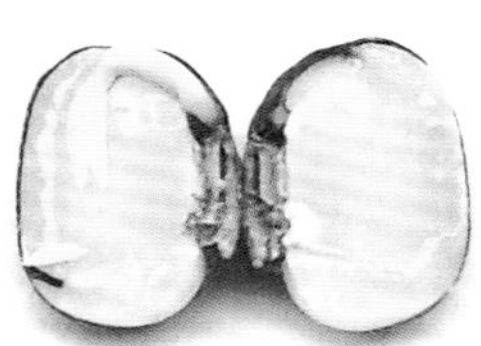

英 文 名 Black gram，Black lentil，Mungo bean，Black matpe bean。

中 文 名 黑吉豆 *、黑绿豆等。

分类地位 豆科，豇豆属。

特　　征 种子圆柱形或长椭圆形，长 0.25~0.4 厘米，宽 0.25~0.3 厘米，黑褐色，也有暗绿色、深灰色和深褐色，种脐白色，突出种子表面，中间凹陷。

主要产地 亚洲（印度、巴基斯坦）；非洲（毛里求斯）；北美洲（加勒比海地区）。

G05 赤小豆

Vigna umbellata （Thunb.） Ohwi et Ohashi

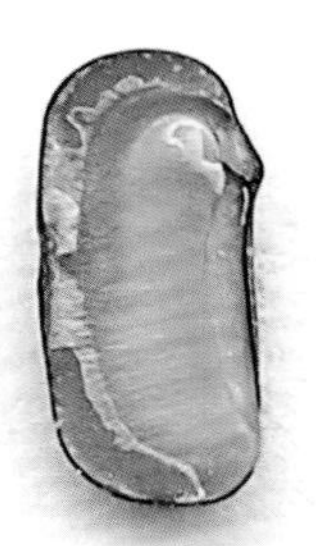

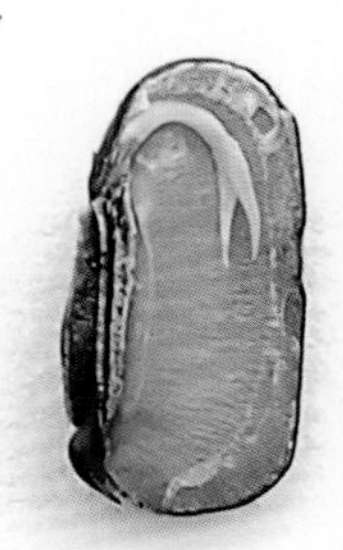

英文名 Rice bean。

中文名 赤小豆*、饭豆、红饭豆、赤豆、小豆、赤豇豆、米豆等。

分类地位 豆科，豇豆属。

特　征 种子长椭圆形，外形与红豆相似而稍微细长，长 0.5~0.7 厘米，宽 0.3~0.35 厘米，通常暗红色，有时为褐色、黑色或草黄色，微有光泽，种脐线型，白色，中间凹陷。

主要产地 亚洲（中国、印度、孟加拉国、尼泊尔、朝鲜、日本及东南亚各国）。

G06 眉豆 ★★★

Vigna unguiculata （L.） Walp.

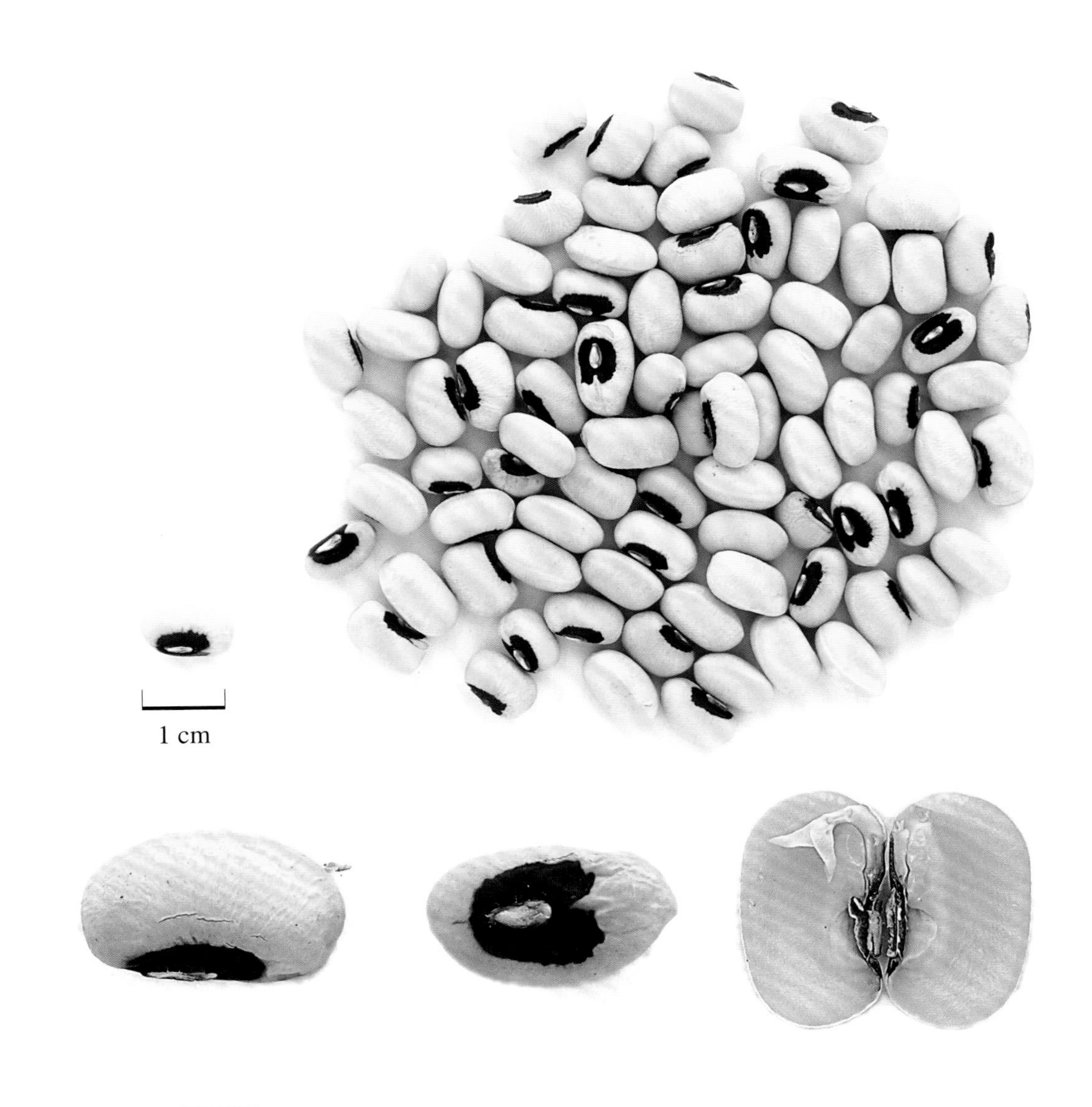

英 文 名 Black-eyed pea，Black-eyed bean，Goat pea。

中 文 名 豇豆 *、眉豆、饭豇豆、甘豆、白豆、短荚豇豆、寒豇豆等。

分类地位 豆科，豇豆属。

特 征 种子球形或扁圆形，也有形状如腰果的，比黄豆略大；种皮薄而脆，淡黄白色或淡黄色，一侧边缘有隆起的白色眉状种阜。

主要产地 亚洲（中国、日本、朝鲜）；欧洲（地中海地区）；非洲（尼日利亚、尼日尔、布基纳法索、加纳、塞内加尔）；北美洲（美国）；南美洲（巴西）。

G07 豆角 ★

Vigna unguiculata（L.）Walp. subsp. *sesquipedalis*（L.）Verdc.

英文名 Yardlong bean，Bodi，Long-podded cowpea，Asparagus bean，Pea bean，Snake bean，Chinese long bean。

中文名 长豇豆 *、豆角、姜豆、带豆、挂豆角、菜豆仔、尺八豇等。

分类地位 豆科，豇豆属。

特　　征 豆荚细长，长 30~70 厘米，颜色有深绿、淡绿、红紫或赤斑等，每荚含种子 16~22 颗，嫩荚作蔬菜食用；种子肾形，长 0.8~1.2 厘米，有红色、黑色、红褐色、红白双色和黑白双色籽等。

主要产地 亚洲（中国及南亚和东南亚各国）；非洲。主要分布于热带、亚热带和温带地区。

G08

菜豆

Phaseolus vulgaris L.

★★★

英 文 名 Kidney bean，Common bean，Green bean。

中 文 名 菜豆 *、芸豆、腰豆、白肾豆、架豆、刀豆、芸扁豆、玉豆、去豆、油豆角、四季豆等。

分类地位 豆科，菜豆属。

特　　征 种子肾形，长 0.9~2 厘米，宽 0.3~1.2 厘米，有红色、白色、黄色、黑色及斑纹等颜色，种脐通常白色。

主要产地 亚洲（中国、印度、缅甸、印度尼西亚）；非洲（坦桑尼亚）；北美洲（美国、墨西哥）；南美洲（巴西、阿根廷）。广泛种植于热带至温带地区。

G09 四季豆 ★

Phaseolus vulgaris L. var. *humilis* Alef.

英文名 Kidney bean，String bean，Field bean，Flageolet bean，French bean，Garden bean，Green bean，Haricot bean，Pop bean，Snap bean。

中文名 龙牙豆 *、四季豆、菜豆、架豆、刀豆、芸豆、芸扁豆、清明豆(浙江衢州)等。

分类地位 豆科，菜豆属。

特　征 豆荚带形，稍弯曲，长 10~15 厘米，宽 1~1.5 厘米，略肿胀，通常无毛，顶有喙，每荚含种子 4~10 颗，嫩荚作蔬菜食用；种子长椭圆形或肾形，长 0.9~2 厘米，宽 0.3~1.2 厘米，白色、褐色、蓝色或有花斑，种脐通常白色。四季豆是菜豆的变种。

主要产地 亚洲（中国、印度、缅甸、菲律宾）；北美洲（墨西哥）；南美洲（阿根廷）。广泛种植于热带至温带地区。

G10 油豆角 ★

Phaseolus vulgaris L. var. *chinensis* Hort.

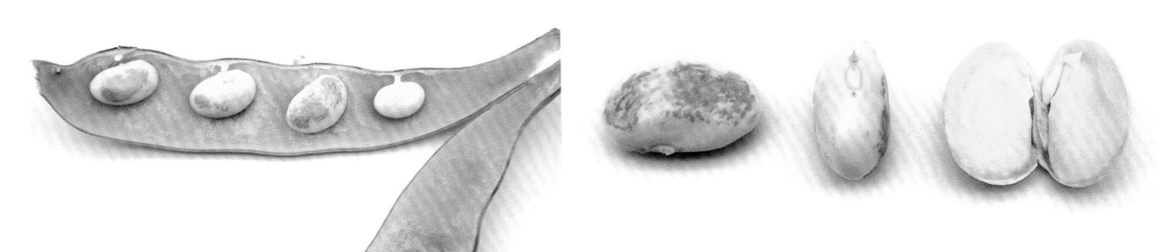

英文名 Oil bean。

中文名 菜豆*、油豆角、油豆等。

分类地位 豆科，菜豆属。

特　征 豆荚带形，稍弯曲，长10~15厘米，宽1~1.5厘米，略肿胀，通常无毛，顶有喙，嫩荚作蔬菜食用；种子4~6颗，长椭圆形或肾形，长0.9~2厘米，宽0.3~1.2厘米，白色、褐色、蓝色或有花斑，种脐通常白色。油豆角是菜豆的一种品种。

主要产地 亚洲（中国）；北美洲（墨西哥）；南美洲（阿根廷）。

G11 棉豆 ★

Phaseolus lunatus L.

英文名	Lima bean，Butter bean，Sieva bean，Madagascar bean。
中文名	棉豆 *、金甲豆、利马豆、大白芸豆、雪豆、荷包豆、洋扁豆等。
分类地位	豆科，菜豆属。
特　征	种子扁肾形、近菱形，长 1~3 厘米，宽 0.8~0.95 厘米，有白色、浅黄色、红色、紫色、黑色和多种花纹或花斑，种脐白色，突起，从种脐向四周有明显的射线。
主要产地	亚洲（印度、中国）；非洲（马达加斯加）；北美洲（美国、墨西哥）；南美洲（阿根廷、秘鲁）。

G12 鹰嘴豆

Cicer arietinum L.

1 cm

英 文 名 Chick pea，Gram，Bengal gram，Garbanzo bean，Egyptian pea。

中 文 名 鹰嘴豆 *、桃尔豆、鸡豆、鸡心豆、回鹘（拼音：[hú]）豆、桃豆等。

分类地位 豆科，鹰嘴豆属。

特　　征 种子球形，长 0.6~0.8 厘米，宽 0.4~0.7 厘米，初期绿色，后期逐渐变成棕褐色、深褐色、黑色，表面不平整，有尖如鹰嘴的突起。

主要产地 亚洲（印度、缅甸、土耳其、巴基斯坦、伊朗）；欧洲（俄罗斯及地中海沿岸）；非洲（埃塞俄比亚）；北美洲（墨西哥）。

G13 豌豆

Pisum sativum L.

★★★

英文名 Pea，Garden pea。

中文名 豌豆 *、荷兰豆、青豆、雪豆、寒豆、小寒豆、淮豆、麻豆、青小豆、留豆、金豆、回回豆、麦豌豆、麦豆、毕豆、麻累、国豆、软荚豌豆、带荚豌豆、甜豆、荷仁豆、青斑、菜豌豆等。

分类地位 豆科，豌豆属。

特　征 豆荚扁平，长 2.5~10 厘米，宽 0.7~1.4 厘米，顶端斜急尖，背部近于伸直，嫩荚作蔬菜食用；种子圆形、圆柱形、椭圆形、扁圆形、凹圆形，多为青绿色，也有黄白色、红色、玫瑰色、褐色、黑色等品种，有皱纹或无，干后变为黄色。

主要产地 亚洲（中国、印度、巴基斯坦）；欧洲（法国、德国、英国、乌克兰）；非洲（埃塞俄比亚）；北美洲（加拿大）；大洋洲（澳大利亚）。

G14 蚕豆

★★

Vicia faba L.

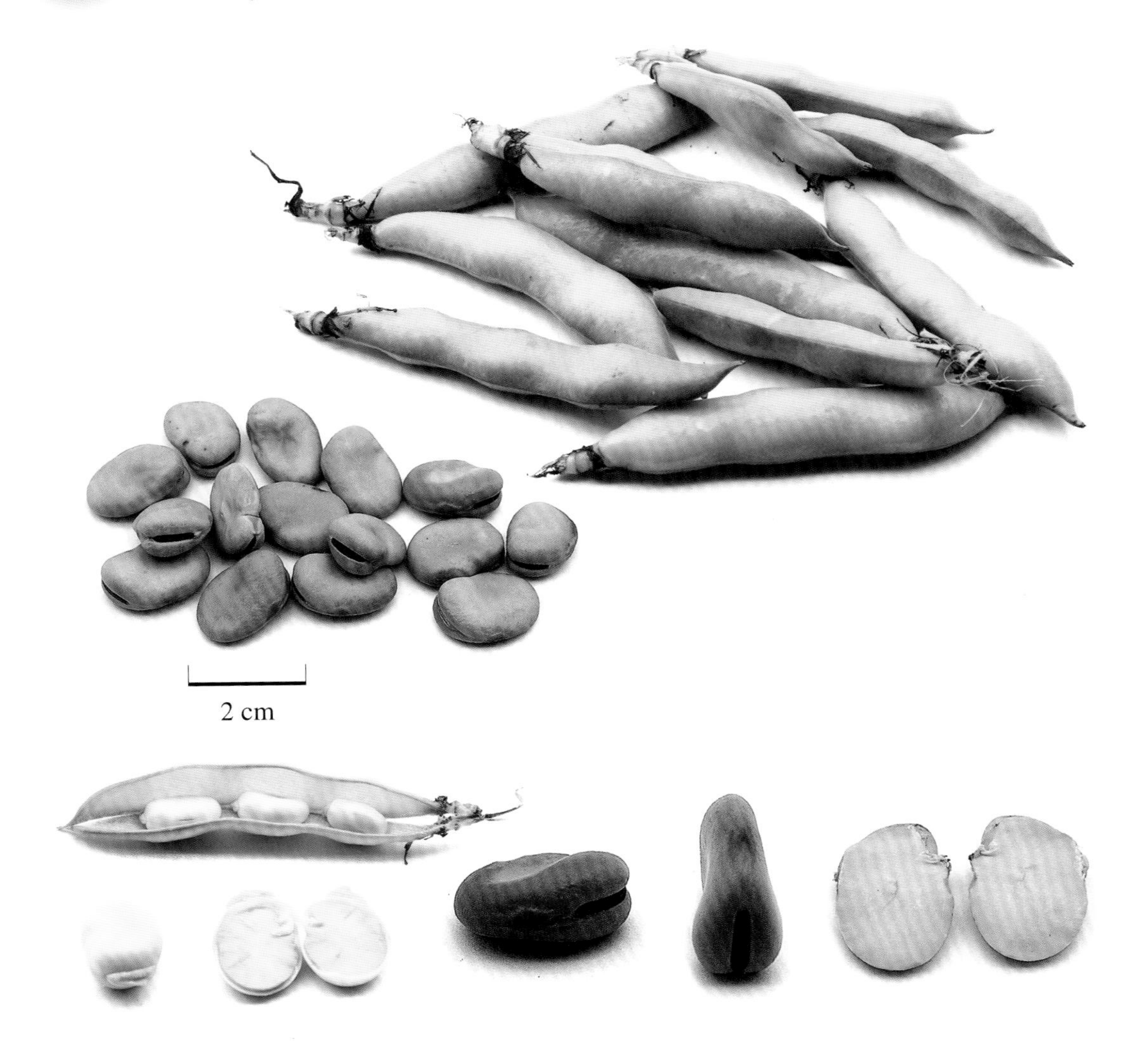

英 文 名 Broad bean，Fava bean，Faba bean，Field bean，Bell bean。

中 文 名 蚕豆*、罗汉豆、胡豆、兰花豆、南豆、竖豆、佛豆等。

分类地位 豆科，野豌豆属。

特　　征 种子长方圆形或近长方形，长 2~2.5 厘米，宽 1.5 厘米，厚 0.5~1 厘米，中间内凹，青绿色、灰绿色至棕褐色、稀紫色或黑色，种皮革质，种脐线形，位于种子一端。

主要产地 亚洲（中国、土耳其及南亚各国）；欧洲（法国、德国、英国、西班牙、意大利）；非洲（埃塞俄比亚及北非各国）；北美洲（加拿大）；南美洲（秘鲁、巴西、阿根廷）；大洋洲（澳大利亚）。

G15 扁豆

Lablab purpureus （L.） Sweet

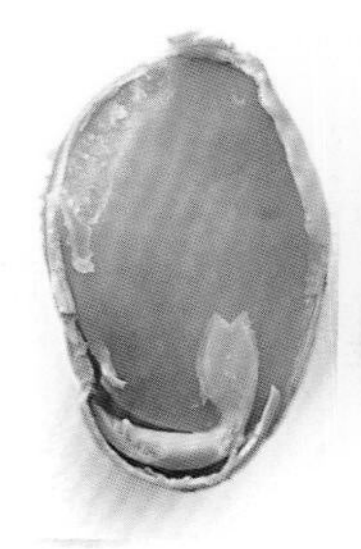

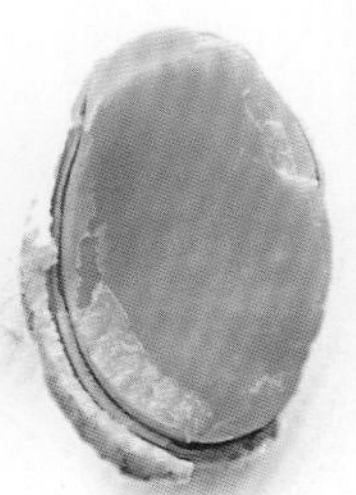

英 文 名 Haricot，Hyacinth bean，Lablab bean，Bonavist bean。

中 文 名 扁豆 *、火镰扁豆、膨皮豆、藤豆、沿篱豆、鹊豆、皮扁豆、白扁豆、藊(读音：[biǎn]) 豆、查豆、月亮菜等。

分类地位 豆科，扁豆属。

特　　征 种子长椭圆形，扁平，长 1~1.5 厘米，白色或紫黑色，种脐线形，长约占种子周围的 2/5。

主要产地 亚洲（中国、孟加拉国、印度、越南）；欧洲（地中海东部）。热带地区均有栽培。

G16 小扁豆 ★

Lens culinaris Medikus

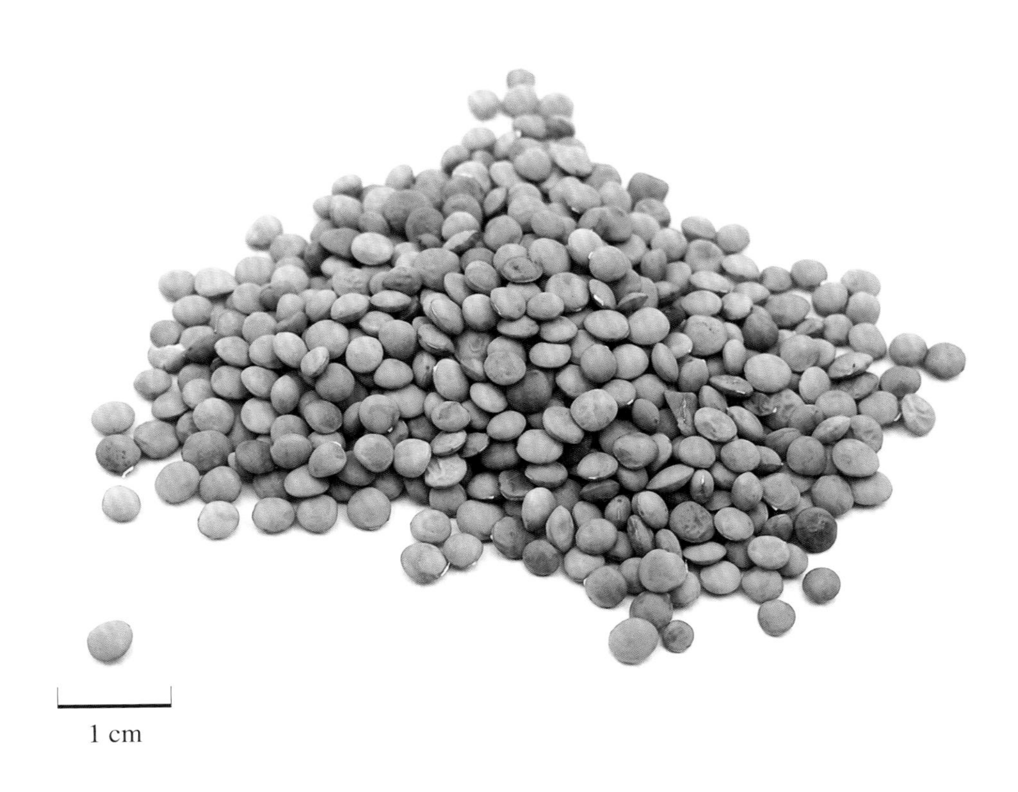

1 cm

英文名 Lentil。

中文名 兵豆*、小扁豆、滨豆、鸡眼豆、鸡豌豆、小金扁豆等。

分类地位 豆科，兵豆属。

特　征 种子双突镜形，长 0.3~0.5 厘米，厚约 0.2 厘米，青黄色、红黄色、褐色，表面光滑。

主要产地 亚洲（印度、尼泊尔、中国、巴基斯坦）；欧洲（地中海东部）；非洲（埃塞俄比亚）；北美洲（加拿大、美国、墨西哥）；南美洲（阿根廷）；大洋洲（澳大利亚）。

G17

花生

Arachis hypogaea L.

★★★

1 cm

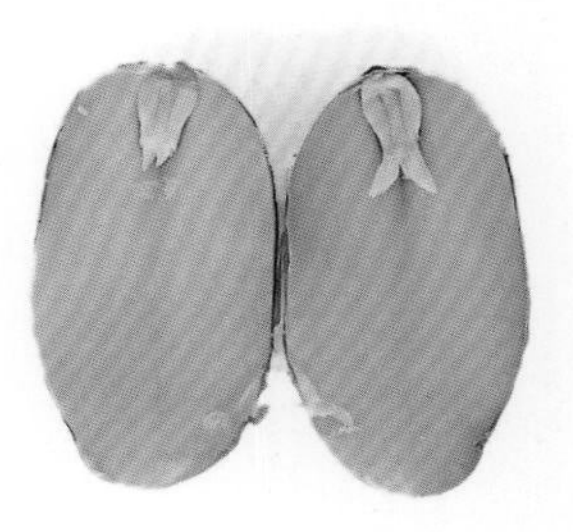

英文名 Peanut，Groundnut，Goober。

中文名 落花生 *、花生、长生果、泥豆、番豆、地豆等。

分类地位 豆科，落花生属。

特　　征 种子多为椭圆形，长 1~2 厘米，宽 0.5~1 厘米，种皮多红色，也有白色、黑色，暗淡，无光泽，一般底端钝圆或略平，梢端胚根突出。

主要产地 亚洲（中国、印度）；欧洲（荷兰）；非洲（尼日利亚、苏丹）；北美洲（美国）。广泛种植于热带和亚热带地区。

G18 刀豆 ★

Canavalia gladiata （Jacq.） DC.

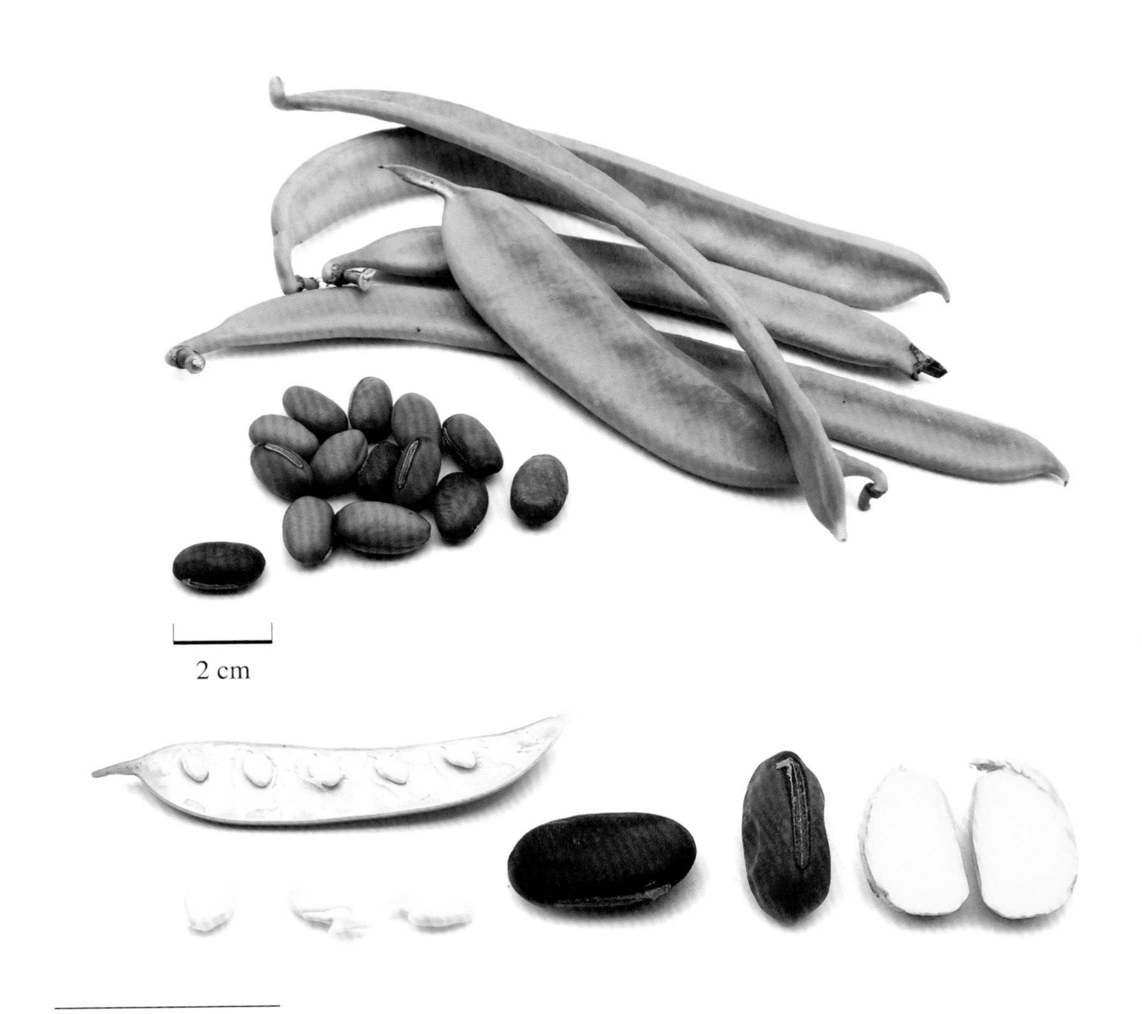

英 文 名 Sword bean。

中 文 名 刀豆 *、大刀豆、刀鞘豆、挟剑豆、野刀板藤、葛豆、刀豆角等。

分类地位 豆科，刀豆属。

特　　征 豆荚扁平，带形，略弯曲，老熟时长 20~35 厘米，宽 4~6 厘米，离缝线约 0.5 厘米处有棱，顶端斜急尖，背部近于伸直，每荚含种子 2~10 颗，未成熟时通常白色，嫩荚作蔬菜食用；种子扁卵形或扁肾形，长 2~3.5 厘米，宽 1~2 厘米，厚 0.5~1.2 厘米，表面淡红色、红紫色或褐色，少数近白色或紫黑色，微皱缩，略有光泽，种皮革质，难破碎，内表面棕绿色而光亮，边缘具眉状黑色种脐，长约 2 厘米，上有白色细纹 3 条。

主要产地 亚洲（中国、印度）；非洲。广泛种植于热带和亚热带地区。

G19 直生刀豆 ★

Canavalia ensiformis （L.） DC.

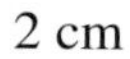

2 cm

英文名 Jack bean，Horse bean，Overlook bean，Sword bean。

中文名 直生刀豆 *、矮生刀豆、白凤豆、白刀豆、立刀豆、洋刀豆等。

分类地位 豆科，刀豆属。

特　征 种子椭圆形，略扁，长 2~3 厘米，宽 1.5~2 厘米，种皮白色，种脐约为种子的 1/2，长不超过 1.5 厘米。

主要产地 亚洲（中国）；北美洲（西印度群岛）；南美洲（巴西）。广泛种植于热带和亚热带地区。

G20 臭豆

Parkia speciosa Hassk.

★

2 cm

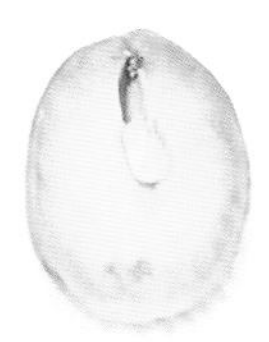

英 文 名 Petai，Bitter bean，Twisted cluster bean，Stink bean。

中 文 名 臭豆 *、美丽球花豆、巴克豆等。

分类地位 豆科，球花豆属。

特　　征 种子扁椭圆形，长 1.5~2 厘米，亮绿色，表面有皱纹，有特殊的味道。

主要产地 亚洲（马来西亚、印度尼西亚、泰国、新加坡、老挝、印度）。

G21 黎豆

★

Mucuna pruriens（L.）DC.

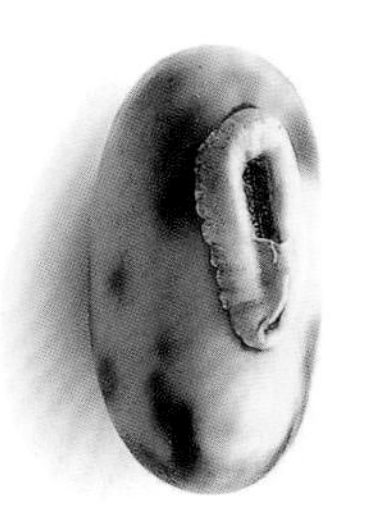

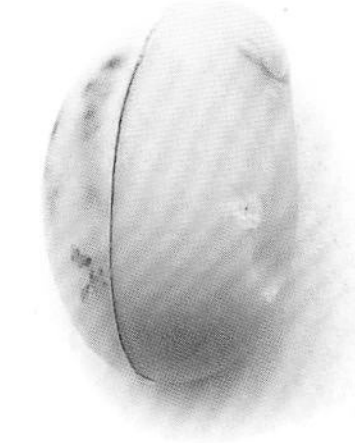

2 cm

英 文 名 Velvet bean，Bengal velvet bean，Florida velvet bean，Mauritius velvet bean，Yokohama velvet bean，Cowage，Cowitch，Lacuna bean，Lyon bean。

中 文 名 刺毛黧（读音：[lí]）豆 *、黎豆、狗爪豆、猫豆、巴山虎豆、鼠豆等。

分类地位 豆科，黎豆属。

特　　征 种子肾形，长约 1.5 厘米，宽约 1 厘米，厚 0.5~0.6 厘米，灰白色，淡黄褐色，浅橙色或黑色，有时带条纹或斑点，种脐长约 0.7 厘米，浅黄白色，周围有围领状隆起的白色种阜。

主要产地 亚洲（中国、越南、泰国、尼泊尔）。主要分布于热带、亚热带地区。

G22

木豆 ★

Cajanus cajan （L.） Millsp.

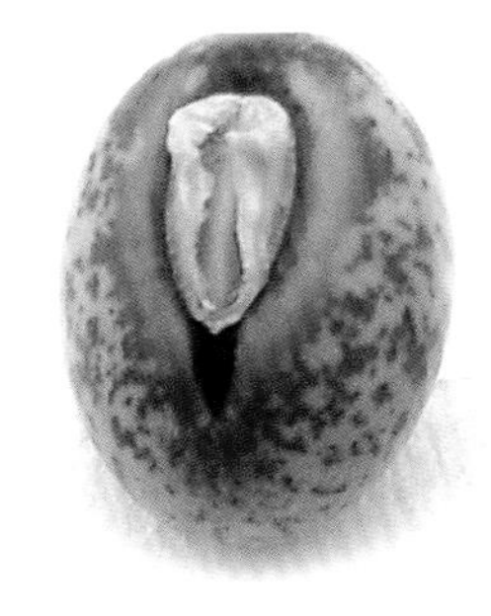

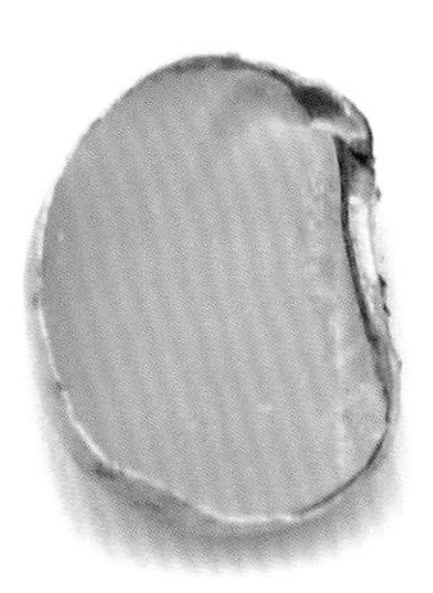

英 文 名 Pigeon pea。

中 文 名 木豆 *、鸽豆、三叶豆、柳豆、豆蓉、树豆、树黄豆等。

分类地位 豆科，木豆属。

特　　征 种子近圆形，长 0.6~0.8 厘米，种皮暗红色，有时有褐色斑点。

主要产地 亚洲（中国、印度）。主要分布于热带、亚热带地区。

G23

四棱豆

Psophocarpus tetragonolobus（L.） D. C.

10 cm

英 文 名 Winged bean，Goa bean，Four-angled bean，Manila bean，Dragon bean。

中 文 名 四棱豆 *、挟剑豆、翼豆、四角豆、果阿豆、尼拉豆、皇帝豆、香龙豆、翅豆、杨桃豆、热带大豆、四稔（读音：[rěn]）豆等。

分类地位 豆科，四棱豆属。

特　　征 豆荚长条方形四棱状，棱缘翼状，有疏锯齿，长 15~22 厘米，绿色或紫色，老熟后深褐色，嫩荚作蔬菜食用；种子卵圆形，光滑，直径 0.6~1 厘米，种皮有白色、黄色、褐色、黑褐色和黑色及介于之间的多种颜色。

主要产地 亚洲（南亚和东南亚各国）；非洲；大洋洲（巴布亚新几内亚）。

索引

一、 常用名拼音索引

1. 水果篇

2. 豆类篇

二、拉丁名索引

1. 水果篇

A

F19	费约果	*Acca sellowiana* （Berg） Burret
E13	猕猴桃	*Actinidia chinensis* Planch.
F53	木通果	*Akebia trifoliate* （Thunb.） Koidz.
B06	蟠桃	*Amygdalus persica*L. var. *compressa* （Loud.） Yu et Lu
B05	油桃	*Amygdalus persica* var. *nectarina* Sol.
B04	桃	*Amygdalus persica* L.
F49	菠萝	*Ananas comosus* （L.） Merr.
F33	毛叶番荔枝	*Annona cherimola* Mill.
F34	刺果番荔枝	*Annona muricata* L.
F32	番荔枝	*Annona squamosa* L.
F05	槟榔	*Areca catechu* L.
B08	青梅	*Armeniaca mume* Sieb.
B07	杏	*Armeniaca vulgaris* Lam.
F24	波罗蜜	*Artocarpus heterophyllus* Lam.
F25	香波罗蜜	*Artocarpus odoratissimus* Blanco
F02	杨桃	*Averrhoa carambola* L.

B

F36	木奶果	*Baccaurea ramiflora* Lour.
F06	糖棕	*Borassus flabellifer* L.
F28	枇杷芒	*Bouea macrophylla* Griff.

C

F47	橄榄	*Canarium album* （Lour.） Raeusch.
F48	乌榄	*Canarium pimela* Leenh.
F50	番木瓜	*Carica papaya* L.
F59	刺黄果	*Carissa carandas* L.
B09	樱桃	*Cerasus* spp.
A07	木瓜	*Chaenomeles sinensis* （Thouin） Koehne
F43	牛奶果	*Chrysophyllum cainito* L.
D01	西瓜	*Citrullus lanatus* （Thunb.） Matsum. et Nakai
C08	指橙	*Citrus australasica* F. Muell.

K

F55 黑老虎 *Kadsura coccinea* （Lem.） A. C. Smith

L

F38 龙贡 *Lansium parasiticum* （Osbeck） K. C. Sahni et Bennet
F11 荔枝 *Litchi chinensis* Sonn.
F56 枸杞 *Lycium barbarum* L.

M

A02 海棠果 *Malus prunifolia* （Willd.） Borkh.
A01 苹果 *Malus pumila* Mill.
F27 芒果 *Mangifera indica* L.
F42 人心果 *Manilkara zapota* （L.） P. Royen
D05 拇指西瓜 *Melothria scabra* Naudin
F58 蓬莱蕉 *Monstera deliciosa* Liebm.
E04 桑葚 *Morus alba* L.
F01 蕉 *Musa* spp.
F10 杨梅 *Myrica rubra* （Lour.） S. et Zucc.

N

F13 红毛丹 *Nephelium lappaceum* L.

O

E20 仙人掌果 *Opuntia stricta* （Haw.） Haw.

P

E01 百香果 *Passiflora edulis* Sims
F08 牛油果 *Persea americana* Mill.
F07 椰枣 *Phoenix dactylifera* L.
F37 油甘子 *Phyllanthus emblica* L.
E17 姑娘果 *Physalis peruviana* L.
F52 牛蹄豆 *Pithecellobium dulce* （Roxb.） Benth.
E03 嘉宝果 *Plinia cauliflora* （Mart.） Kausel
F41 黄晶果 *Pouteria caimito* （Ruiz et Pav.） Radlk.
F40 蛋黄果 *Pouteria campechiana* （Kunth） Baehni
B03 西梅 *Prunus domestica* L.
B02 布冧 *Prunus salicina* Lindl. ‘Friar’
B01 李 *Prunus salicina* Lindl.
F18 番石榴 *Psidium guajava* L.
F23 石榴 *Punica granatum* L.
A03 梨 *Pyrus* spp.

R

E02 桃金娘 *Rhodomyrtus tomentosa* （Aiton） Hassk.
E11 醋栗 *Ribes rubrum* L.

2. 豆类篇

G16	小扁豆	*Lens culinaris* Medikus

M

G21	黎豆	*Mucuna pruriens* （L.） DC.

P

G20	臭豆	*Parkia speciosa* Hassk.
G11	棉豆	*Phaseolus lunatus* L.
G08	菜豆	*Phaseolus vulgaris* L.
G10	油豆角	*Phaseolus vulgaris* L. var. *chinensis* Hort.
G09	四季豆	*Phaseolus vulgaris* L. var. *humilis* Alef.
G13	豌豆	*Pisum sativum* L.
G23	四棱豆	*Psophocarpus tetragonolobus* （L.） D. C.

V

G14	蚕豆	*Vicia faba* L.
G02	红豆	*Vigna angularis* （Willd.） Ohwi et Ohashi
G04	黑绿豆	*Vigna mungo* （L.） Hepper
G03	绿豆	*Vigna radiata* （L.） Wilczek
G05	赤小豆	*Vigna umbellata* （Thunb.） Ohwi et Ohashi
G06	眉豆	*Vigna unguiculata* （L.） Walp.
G07	豆角	*Vigna unguiculata* （L.） Walp. subsp. *sesquipedalis* （L.） Verdc.

三、常见度索引

1. 水果篇

★★★

★★

★

F06	糖棕	F31	红酸枣	F48	乌榄
F07	椰枣	F34	刺果番荔枝	F51	酸角
F15	黄金山竹	F36	木奶果	F52	牛蹄豆
F17	蒲桃	F37	油甘子	F53	木通果
F19	费约果	F39	山陀儿	F54	鸡嗉子
F20	红果仔	F41	黄晶果	F55	黑老虎
F21	拐枣	F43	牛奶果	F56	枸杞
F25	香波罗蜜	F44	神秘果	F57	胭脂果
F28	枇杷芒	F45	沙棘果	F58	蓬莱蕉
F29	人面子	F46	羊奶果	F59	刺黄果
F30	番橄榄	F47	橄榄		

2. 豆类篇

★★★

G01	大豆	G05	赤小豆	G12	鹰嘴豆
G02	红豆	G06	眉豆	G13	豌豆
G03	绿豆	G08	菜豆	G17	花生

★★

G14	蚕豆	G15	扁豆

★

G04	黑绿豆	G11	棉豆	G20	臭豆
G07	豆角	G16	小扁豆	G21	黎豆
G09	四季豆	G18	刀豆	G22	木豆
G10	油豆角	G19	直生刀豆	G23	四棱豆

四、尺寸大小索引

大型（直径通常在 10 cm 以上）

中型（直径通常在 5~10 cm）

小型（直径通常在 5 cm 以下）

E06	黑莓
E07	树莓
E08	空心泡
E09	蓝莓
E10	蔓越莓
E11	醋栗
E12	葡萄
E17	姑娘果
E21	刺篱木果
F05	槟榔
F07	椰枣
F09	黄皮
F10	杨梅
F11	荔枝
F12	龙眼
F17	蒲桃
F20	红果仔
F21	拐枣
F26	无花果
F28	枇杷芒
F29	人面子
F31	红酸枣
F36	木奶果
F37	油甘子
F38	龙贡
F44	神秘果
F45	沙棘果
F46	羊奶果
F47	橄榄
F48	乌榄
F54	鸡嗉子
F56	枸杞
F57	胭脂果
F59	刺黄果

五、图片索引

1. 水果篇

仁果类

A01．苹果　A02．海棠果　A03．梨

A04．山楂　A05．枇杷　A06．榅桲

A07．木瓜　A08．刺梨　A09．移㭎果

核果类

B01．李　B02．布朻　B03．西梅

B04. 桃　　B05. 油桃　　B06. 蟠桃

B07. 杏

B08. 青梅

B09. 樱桃

B10. 枣

B11. 青枣

柑橘类

C01. 柑橘　　C02. 柠檬　　C03. 西柚

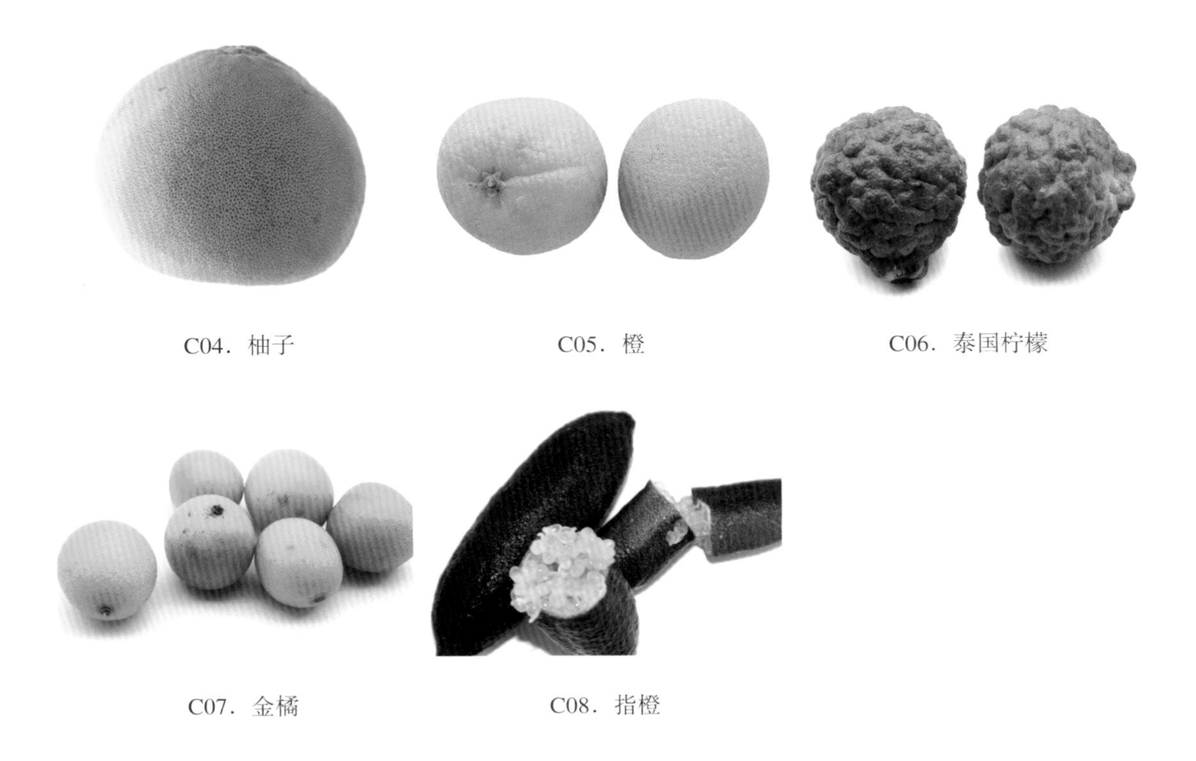

C04. 柚子

C05. 橙

C06. 泰国柠檬

C07. 金橘

C08. 指橙

瓜果类

D01. 西瓜

D02. 哈密瓜

D03. 香瓜

D04. 刺角瓜

D05. 拇指西瓜

浆果类

E01. 百香果

E02. 桃金娘

E03. 嘉宝果

E04. 桑葚

E05. 草莓

E06. 黑莓

E07. 树莓

E08. 空心泡

E09. 蓝莓

E10. 蔓越莓

E11. 醋栗

E12. 葡萄

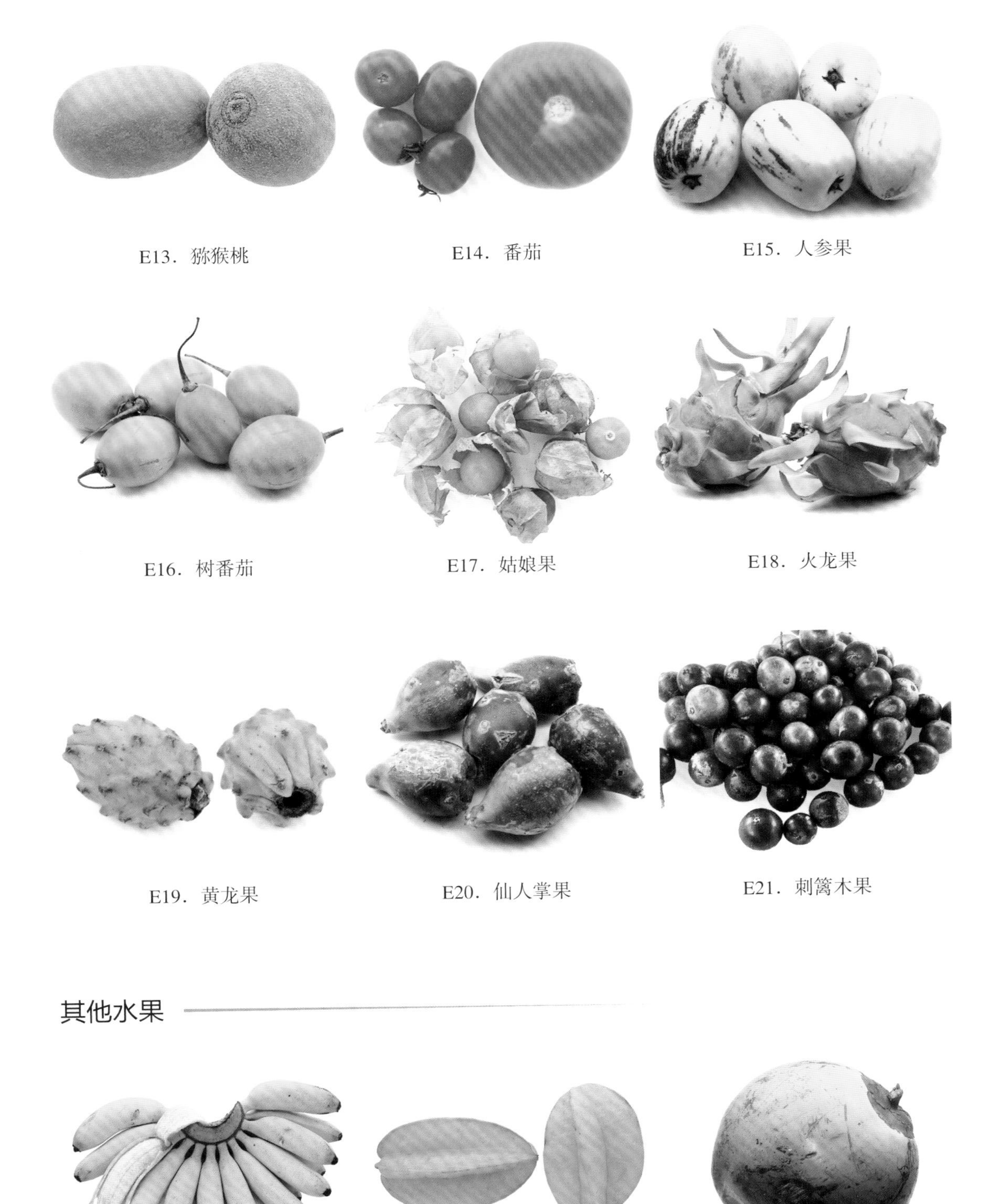

E13．猕猴桃

E14．番茄

E15．人参果

E16．树番茄

E17．姑娘果

E18．火龙果

E19．黄龙果

E20．仙人掌果

E21．刺篱木果

其他水果

F01．蕉

F02．杨桃

F03．椰子

F04．蛇皮果

F05．槟榔

F06．糖棕

F07．椰枣

F08．牛油果

F09．黄皮

F10．杨梅

F11．荔枝

F12．龙眼

F13．红毛丹

F14．山竹

F15．黄金山竹

F16．莲雾　F17．蒲桃　F18．番石榴

F19．费约果　F20．红果仔　F21．拐枣

F22．柿子　F23．石榴　F24．波罗蜜

F25．香波罗蜜　F26．无花果　F27．芒果

F28．枇杷芒

F29．人面子

F30．番橄榄

F31．红酸枣

F32．番荔枝

F33．毛叶番荔枝

F34．刺果番荔枝

F35．榴莲

F36．木奶果

F37．油甘子

F38．龙贡

F39．山陀儿

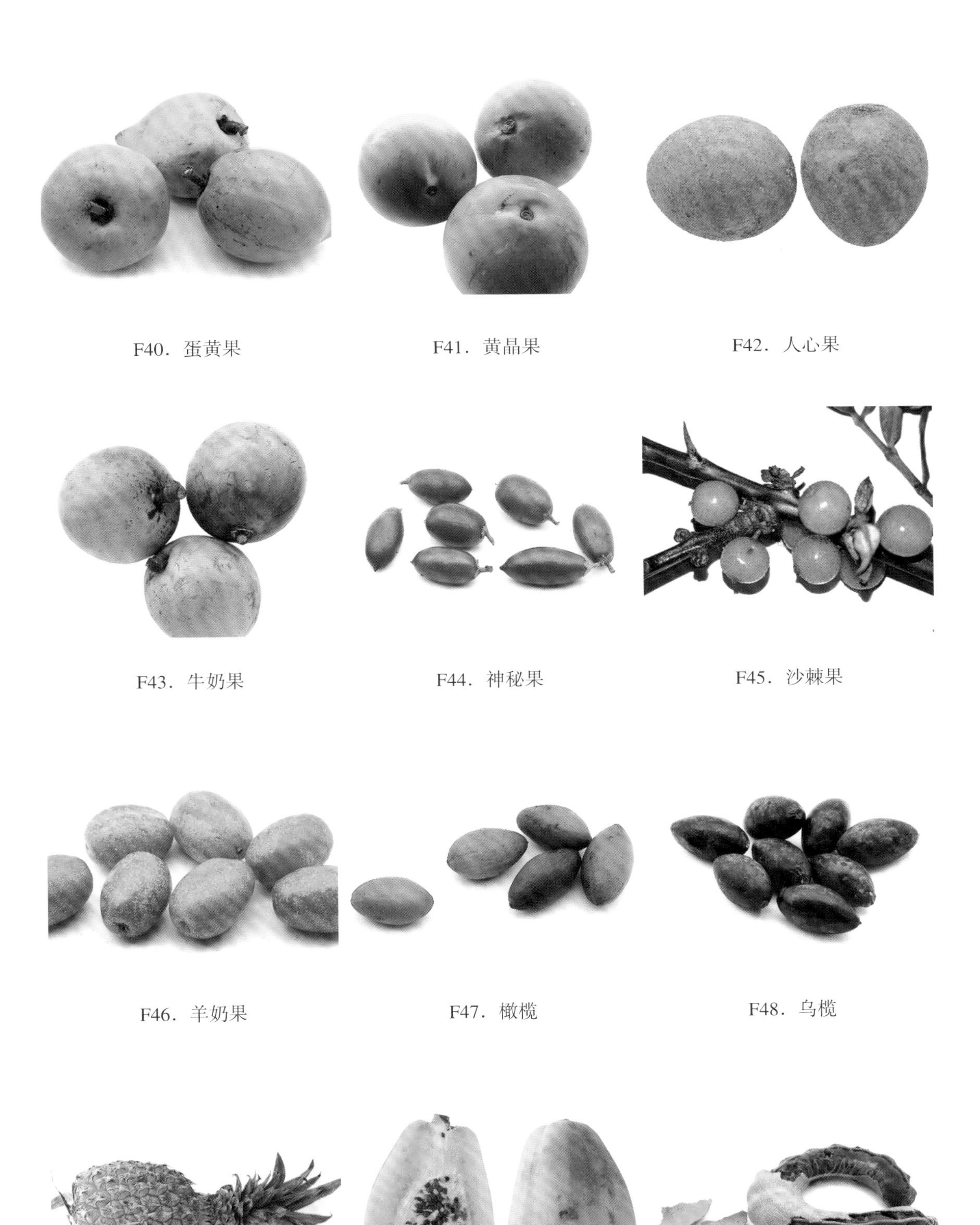

F40．蛋黄果

F41．黄晶果

F42．人心果

F43．牛奶果

F44．神秘果

F45．沙棘果

F46．羊奶果

F47．橄榄

F48．乌榄

F49．菠萝

F50．番木瓜

F51．酸角

F52．牛蹄豆　F53．木通果　F54．鸡嗉子

F55．黑老虎　F56．枸杞　F57．胭脂果

F58．蓬莱蕉　F59．刺黄果

2. 豆类篇

G01．大豆　G02．红豆　G03．绿豆

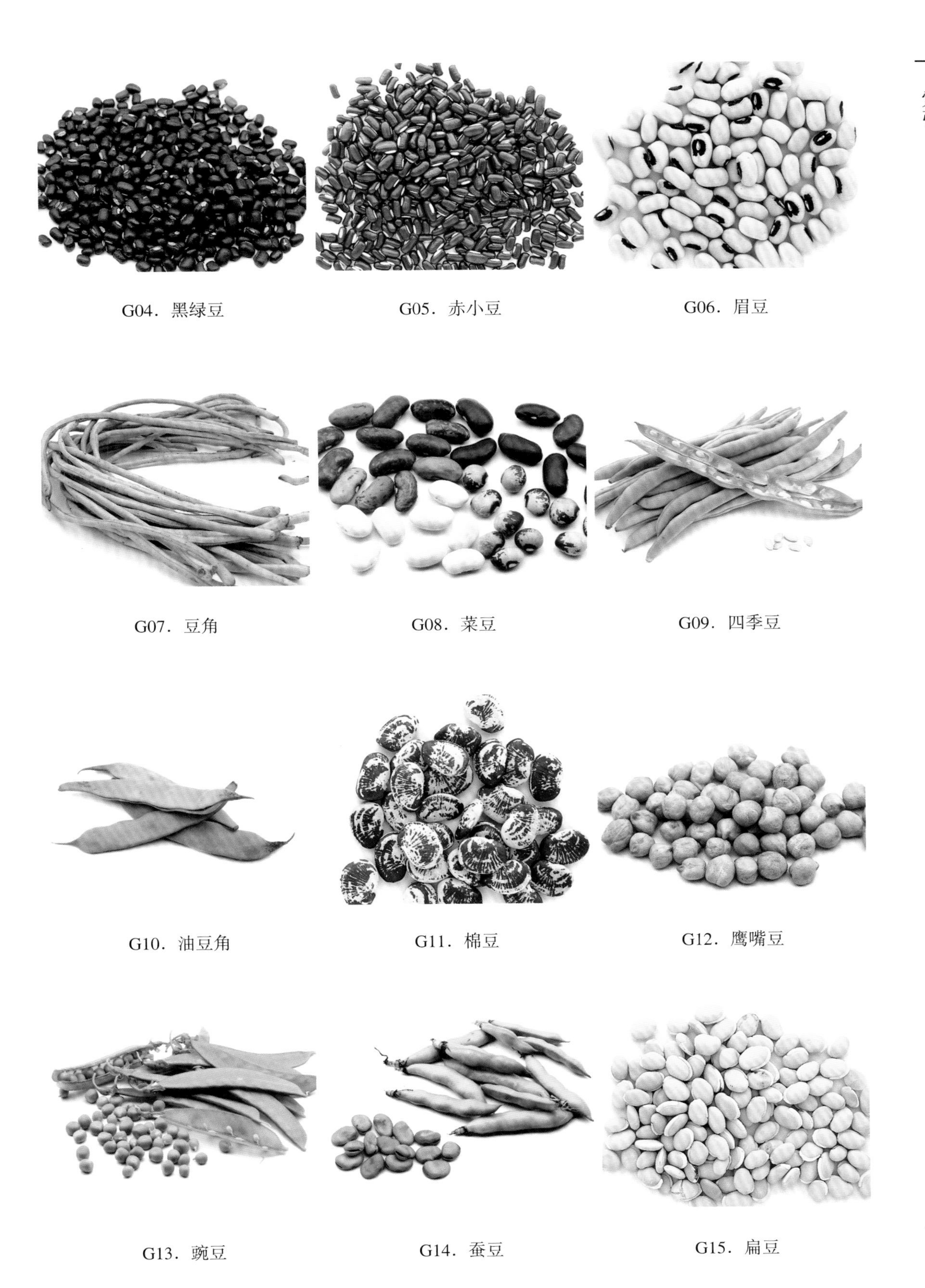
G04．黑绿豆
G05．赤小豆
G06．眉豆
G07．豆角
G08．菜豆
G09．四季豆
G10．油豆角
G11．棉豆
G12．鹰嘴豆
G13．豌豆
G14．蚕豆
G15．扁豆

G16．小扁豆

G17．花生

G18．刀豆

G19．直生刀豆

G20．臭豆

G21．黎豆

G22．木豆

G23．四棱豆

附录

附录 1　口岸常见水果和豆类基本信息表

	名字	拉丁文	常见度	科	属
A01	苹果	*Malus pumila* Mill.	★★★	蔷薇科	苹果属
A02	海棠果	*Malus prunifolia*（Willd.）Borkh.	★★	蔷薇科	苹果属
A03	梨	*Pyrus* spp.	★★★	蔷薇科	梨属
A04	山楂	*Crataegus pinnatifida* var. *major* N. E. Brown	★★	蔷薇科	山楂属
A05	枇杷	*Eriobotrya japonica*（Thunb.）Lindl.	★★★	蔷薇科	枇杷属
A06	榅桲	*Cydonia oblonga* Mill.	★	蔷薇科	榅桲属
A07	木瓜	*Chaenomeles sinensis*（Thouin）Koehne	★	蔷薇科	木瓜属
A08	刺梨	*Rosa roxburghii* Tratt.	★	蔷薇科	蔷薇属
A09	移依果	*Docynia delavayi*（Franch.）C. K. Schneid.	★	蔷薇科	移依属
B01	李	*Prunus salicina* Lindl.	★★★	蔷薇科	李属
B02	布冧	*Prunus salicina* Lindl. 'Friar'	★★★	蔷薇科	李属
B03	西梅	*Prunus domestica* L.	★★	蔷薇科	李属
B04	桃	*Amygdalus persica* L.	★★★	蔷薇科	桃属
B05	油桃	*Amygdalus persica* var. *nectarina* Sol.	★★★	蔷薇科	桃属
B06	蟠桃	*Amygdalus persica* L. var. *compressa*（Loud.）Yu et Lu	★★	蔷薇科	桃属
B07	杏	*Armeniaca vulgaris* Lam.	★★	蔷薇科	杏属
B08	青梅	*Armeniaca mume* Sieb.	★	蔷薇科	杏属
B09	樱桃	*Cerasus* spp.	★★★	蔷薇科	樱属
B10	枣	*Ziziphus jujuba* Mill.	★★★	鼠李科	枣属
B11	青枣	*Ziziphus mauritiana* Lam.	★★★	鼠李科	枣属
C01	柑橘	*Citrus reticulate* Blanco	★★★	芸香科	柑橘属
C02	柠檬	*Citrus limon*（L.）Burm. fil.	★★★	芸香科	柑橘属
C03	西柚	*Citrus paradisi* Macf.	★★★	芸香科	柑橘属
C04	柚子	*Citrus maxima* Merr.	★★★	芸香科	柑橘属
C05	橙	*Citrus sinensis*（L.）Osbeck	★★★	芸香科	柑橘属
C06	泰国柠檬	*Citrus hystrix* DC.	★	芸香科	柑橘属
C07	金橘	*Citrus japonica* Thunb.	★★	芸香科	柑橘属
C08	指橙	*Citrus australasica* F. Muell.	★	芸香科	柑橘属
D01	西瓜	*Citrullus lanatus*（Thunb.）Matsum. et Nakai	★★	葫芦科	西瓜属
D02	哈密瓜	*Cucumis melo* var. *cantalupo* Ser.	★★	葫芦科	黄瓜属
D03	香瓜	*Cucumis melo* L.	★★★	葫芦科	黄瓜属

（续表）

	名字	拉丁文	常见度	科	属
D04	刺角瓜	*Cucumis metuliferus* E. Mey. ex Schrad.	★	葫芦科	黄瓜属
D05	拇指西瓜	*Melothria scabra* Naudin	★	葫芦科	马㼎属
E01	百香果	*Passiflora edulis* Sims	★★★	西番莲科	西番莲属
E02	桃金娘	*Rhodomyrtus tomentosa* （Aiton） Hassk.	★	桃金娘科	桃金娘属
E03	嘉宝果	*Plinia cauliflora* （Mart.） Kausel	★	桃金娘科	树番樱属
E04	桑葚	*Morus alba* L.	★★	桑科	桑属
E05	草莓	*Fragaria × ananassa* Duch.	★★★	蔷薇科	草莓属
E06	黑莓	*Rubus fruticosus* L.	★	蔷薇科	悬钩子属
E07	树莓	*Rubus idaeus* L.	★	蔷薇科	悬钩子属
E08	空心泡	*Rubus rosifolius* Sm.	★	蔷薇科	悬钩子属
E09	蓝莓	*Vaccinium corymbosum* L.	★★★	杜鹃花科	越橘属
E10	蔓越莓	*Vaccinium macrocarpon* Ait.	★	杜鹃花科	越橘属
E11	醋栗	*Ribes rubrum* L.	★	虎耳草科	茶藨子属
E12	葡萄	*Vitis vinifera* L.	★★★	葡萄科	葡萄属
E13	猕猴桃	*Actinidia chinensis* Planch.	★★★	猕猴桃科	猕猴桃属
E14	番茄	*Solanum lycopersicum* L.	★★★	茄科	茄属
E15	人参果	*Solanum muricatum* Aiton	★★	茄科	茄属
E16	树番茄	*Solanum betaceum* Cav.	★	茄科	茄属
E17	姑娘果	*Physalis peruviana* L.	★	茄科	酸浆属
E18	火龙果	*Hylocereus undatus* （Haw.） Britton et Rose	★★★	仙人掌科	量天尺属
E19	黄龙果	*Hylocereus megalanthus* （K. Schumann ex Vaupel） Ralf Bauer	★★	仙人掌科	量天尺属
E20	仙人掌果	*Opuntia stricta* （Haw.） Haw.	★	仙人掌科	仙人掌属
E21	刺篱木果	*Flacourtia indica* （Burm. f.） Merr.	★	大风子科	刺篱木属
F01	蕉	*Musa* spp.	★★★	芭蕉科	芭蕉属
F02	杨桃	*Averrhoa carambola* L.	★★	酢浆草科	阳桃属
F03	椰子	*Cocos nucifera* L.	★★	棕榈科	椰子属
F04	蛇皮果	*Salacca zalacca* （Gaertn.） Voss	★★	棕榈科	蛇皮果属
F05	槟榔	*Areca catechu* L.	★	棕榈科	槟榔属
F06	糖棕	*Borassus flabellifer* L.	★	棕榈科	糖棕属
F07	椰枣	*Phoenix dactylifera* L.	★	棕榈科	刺葵属
F08	牛油果	*Persea americana* Mill.	★★★	樟科	鳄梨属
F09	黄皮	*Clausena lansium* （Lour.） Skeels	★★★	芸香科	黄皮属
F10	杨梅	*Myrica rubra* （Lour.） S. et Zucc.	★★	杨梅科	杨梅属
F11	荔枝	*Litchi chinensis* Sonn.	★★★	无患子科	荔枝属
F12	龙眼	*Dimocarpus longan* Lour.	★★★	无患子科	龙眼属
F13	红毛丹	*Nephelium lappaceum* L.	★★★	无患子科	韶子属

（续表）

	名字	拉丁文	常见度	科	属
F14	山竹	*Garcinia mangostana* L.	★★★	藤黄科	藤黄属
F15	黄金山竹	*Garcinia humilis* （Vahl） C. D. Adams	★	藤黄科	藤黄属
F16	莲雾	*Syzygium samarangense* （Blume） Merr. et L. M. Perry	★★★	桃金娘科	蒲桃属
F17	蒲桃	*Syzygium jambos* （L.） Alston	★	桃金娘科	蒲桃属
F18	番石榴	*Psidium guajava* L.	★★★	桃金娘科	番石榴属
F19	费约果	*Acca sellowiana* （Berg） Burret	★	桃金娘科	野凤榴属
F20	红果仔	*Eugenia uniflora* L.	★	桃金娘科	番樱桃属
F21	拐枣	*Hovenia acerba* Lindl.	★	鼠李科	枳椇属
F22	柿子	*Diospyros kaki* L. f.	★★★	柿科	柿属
F23	石榴	*Punica granatum* L.	★★★	石榴科	石榴属
F24	波罗蜜	*Artocarpus heterophyllus* Lam.	★★	桑科	波罗蜜属
F25	香波罗蜜	*Artocarpus odoratissimus* Blanco	★	桑科	波罗蜜属
F26	无花果	*Ficus carica* L.	★★	桑科	榕属
F27	芒果	*Mangifera indica* L.	★★★	漆树科	杧果属
F28	枇杷芒	*Bouea macrophylla* Griff.	★	漆树科	士打树属
F29	人面子	*Dracontomelon duperreanum* Pierre	★	漆树科	人面子属
F30	番橄榄	*Spondias dulcis* Soland. ex Forst. f.	★	漆树科	槟榔青属
F31	红酸枣	*Spondias purpurea* L.	★	漆树科	槟榔青属
F32	番荔枝	*Annona squamosa* L.	★★★	番荔枝科	番荔枝属
F33	毛叶番荔枝	*Annona cherimola* Mill.	★★	番荔枝科	番荔枝属
F34	刺果番荔枝	*Annona muricata* L.	★	番荔枝科	番荔枝属
F35	榴莲	*Durio zibethinus* Murr.	★★★	木棉科	榴莲属
F36	木奶果	*Baccaurea ramiflora* Lour.	★	大戟科	木奶果属
F37	油甘子	*Phyllanthus emblica* L.	★	大戟科	叶下珠属
F38	龙贡	*Lansium parasiticum* （Osbeck） K. C. Sahni et Bennet	★★	楝科	椰色木属
F39	山陀儿	*Sandoricum koetjape* （Burm. f.） Merr.	★	楝科	仙都果属
F40	蛋黄果	*Pouteria campechiana* （Kunth） Baehni	★★	山榄科	桃榄属
F41	黄晶果	*Pouteria caimito* （Ruiz et Pav.） Radlk.	★	山榄科	桃榄属
F42	人心果	*Manilkara zapota* （L.） P. Royen	★★	山榄科	铁线子属
F43	牛奶果	*Chrysophyllum cainito* L.	★	山榄科	金叶树属
F44	神秘果	*Synsepalum dulcificum* （Schumach. et Thonn.） Daniell	★	山榄科	神秘果属
F45	沙棘果	*Hippophae rhamnoides* L.	★	胡颓子科	沙棘属
F46	羊奶果	*Elaeagnus conferta* Roxb.	★	胡颓子科	胡颓子属
F47	橄榄	*Canarium album* （Lour.） Raeusch.	★	橄榄科	橄榄属
F48	乌榄	*Canarium pimela* Leenh.	★	橄榄科	橄榄属
F49	菠萝	*Ananas comosus* （L.） Merr.	★★★	凤梨科	凤梨属

（续表）

	名字	拉丁文	常见度	科	属
F50	番木瓜	*Carica papaya* L.	★★★	番木瓜科	番木瓜属
F51	酸角	*Tamarindus indica* L.	★	豆科	酸豆属
F52	牛蹄豆	*Pithecellobium dulce*（Roxb.） Benth.	★	豆科	猴耳环属
F53	木通果	*Akebia trifoliate*（Thunb.） Koidz.	★	木通科	木通属
F54	鸡嗉子	*Cornus capitata* Wall.	★	山茱萸科	山茱萸属
F55	黑老虎	*Kadsura coccinea*（Lem.） A. C. Smith	★	木兰科	南五味子属
F56	枸杞	*Lycium barbarum* L.	★	茄科	枸杞属
F57	胭脂果	*Elaeocarpus prunifolioides* Hu	★	杜英科	杜英属
F58	蓬莱蕉	*Monstera deliciosa* Liebm.	★	天南星科	龟背竹属
F59	刺黄果	*Carissa carandas* L.	★	夹竹桃科	假虎刺属
G01	大豆	*Glycine max*（L.） Merr.	★★★	豆科	大豆属
G02	红豆	*Vigna angularis*（Willd.） Ohwi et Ohashi	★★★	豆科	豇豆属
G03	绿豆	*Vigna radiata*（L.） Wilczek	★★★	豆科	豇豆属
G04	黑绿豆	*Vigna mungo*（L.） Hepper	★	豆科	豇豆属
G05	赤小豆	*Vigna umbellata*（Thunb.） Ohwi et Ohashi	★★★	豆科	豇豆属
G06	眉豆	*Vigna unguiculata*（L.） Walp.	★★★	豆科	豇豆属
G07	豆角	*Vigna unguiculata*（L.） Walp. subsp. *sesquipedalis*（L.） Verdc.	★	豆科	豇豆属
G08	菜豆	*Phaseolus vulgaris* L.	★★★	豆科	菜豆属
G09	四季豆	*Phaseolus vulgaris* L. var. *humilis* Alef.	★	豆科	菜豆属
G10	油豆角	*Phaseolus vulgaris* L. var. *chinensis* Hort.	★	豆科	菜豆属
G11	棉豆	*Phaseolus lunatus* L.	★	豆科	菜豆属
G12	鹰嘴豆	*Cicer arietinum* L.	★★★	豆科	鹰嘴豆属
G13	豌豆	*Pisum sativum* L.	★★★	豆科	豌豆属
G14	蚕豆	*Vicia faba* L.	★★	豆科	野豌豆属
G15	扁豆	*Lablab purpureus*（L.） Sweet	★★	豆科	扁豆属
G16	小扁豆	*Lens culinaris* Medikus	★	豆科	兵豆属
G17	花生	*Arachis hypogaea* L.	★★★	豆科	落花生属
G18	刀豆	*Canavalia gladiata*（Jacq.） DC.	★	豆科	刀豆属
G19	直生刀豆	*Canavalia ensiformis*（L.） DC.	★	豆科	刀豆属
G20	臭豆	*Parkia speciosa* Hassk.	★	豆科	球花豆属
G21	黎豆	*Mucuna pruriens*（L.） DC.	★	豆科	黧豆属
G22	木豆	*Cajanus cajan*（L.） Millsp.	★	豆科	木豆属
G23	四棱豆	*Psophocarpus tetragonolobus*（L.） D.C.	★	豆科	四棱豆属

附录 2　全国口岸检出检疫性有害生物情况

A01 苹果

昆虫　南美按实蝇、杨桃实蝇、番石榴果实蝇、瓜实蝇、橘小实蝇、入侵果实蝇、番木瓜实蝇、菲律宾实蝇、具条实蝇、昆士兰果实蝇、桃果实蝇、地中海实蝇、南亚果实蝇、芒果小条实蝇、马达加斯加蜡实蝇、苹果实蝇、苹果蠹蛾、苹果瘿蚊、苹果绵蚜、新菠萝灰粉蚧、大洋臀纹粉蚧、玫瑰短喙象

真菌　苹果果腐病菌、美洲苹果锈病菌、美澳型核果褐腐病菌、苹果牛眼果腐病、苹果树炭疽病菌、苹果星裂壳孢果腐病菌、葡萄茎枯病菌、柑橘冬生疫霉褐腐病菌、丁香疫霉病菌、苹果球壳孢腐烂病菌、苹果黑星病菌、苹果壳色单隔孢溃疡病菌

A03 梨

昆虫　杨桃实蝇、瓜实蝇、橘小实蝇、辣椒果实蝇、番木瓜实蝇、桃果实蝇、地中海实蝇、苹果蠹蛾

真菌　苹果树炭疽病菌

A05 枇杷

昆虫　南美按实蝇、橘小实蝇、新菠萝灰粉蚧、南洋臀纹粉蚧、大洋臀纹粉蚧

真菌　苹果树炭疽病菌

B01 李

昆虫　橘小实蝇、地中海实蝇、番木瓜实蝇、番石榴果实蝇、马达加斯加蜡实蝇、大洋臀纹粉蚧

真菌　美澳型核果褐腐病菌、苹果果腐病菌

B02 布冧

昆虫　橘小实蝇

真菌　美澳型核果褐腐病菌

B03 西梅

昆虫　橘小实蝇

真菌　美澳型核果褐腐病菌

B04 桃

昆虫　橘小实蝇、辣椒果实蝇、地中海实蝇、纳塔尔小条实蝇、苹果蠹蛾、新菠萝灰粉蚧

真菌　苹果果腐病菌、美澳型核果褐腐病菌

B05 油桃

昆虫 橘小实蝇、昆士兰果实蝇

真菌 美澳型核果褐腐病菌

B07 杏

昆虫 橘小实蝇、番木瓜实蝇、地中海实蝇、苹果蠹蛾

真菌 美澳型核果褐腐病菌

B09 樱桃

昆虫 瓜实蝇、橘小实蝇、南洋臀纹粉蚧、樱桃绕实蝇

真菌 美澳型核果褐腐病菌

病毒及类病毒 李痘病毒

B10 枣

昆虫 番石榴果实蝇、橘小实蝇、地中海实蝇、枣实蝇、瓜实蝇、纳塔尔小条实蝇、桃果实蝇、新菠萝灰粉蚧

B11 青枣

昆虫 番石榴果实蝇、橘小实蝇、辣椒果实蝇、番木瓜实蝇、宽带果实蝇、大洋臀纹粉蚧

C01 柑橘

昆虫 瓜实蝇、橘小实蝇、具条果实蝇、杨桃实蝇、番石榴果实蝇、南亚果实蝇、辣椒果实蝇、番木瓜实蝇、地中海实蝇、马达加斯加蜡实蝇、香蕉肾盾蚧、苹果异形小卷蛾、南洋臀纹粉蚧

真菌 苹果树炭疽病菌、柑橘斑点病菌、苹果黑星病菌、丁香疫霉病菌

原核生物 亚洲柑橘黄龙病菌、柑橘溃疡病菌

C02 柠檬

昆虫 橘小实蝇、辣椒果实蝇、桃果实蝇、地中海实蝇、新菠萝灰粉蚧、灰白片盾蚧、南洋臀纹粉蚧、大洋臀纹粉蚧

原核生物 亚洲柑橘黄龙病菌、柑橘溃疡病菌

C03 西柚

昆虫 橘小实蝇、地中海实蝇、小条实蝇属、苹果异形小卷蛾、石榴螟

真菌 丁香疫霉病菌

原核生物 柑橘溃疡病菌

C04 柚子

昆虫 杨桃实蝇、橘小实蝇、新菠萝灰粉蚧、南洋臀纹粉蚧、大洋臀纹粉蚧

真菌 南瓜角斑病菌、柑橘冬生疫霉褐腐病菌、丁香疫霉病菌
原核生物 柑橘溃疡病菌

C05 橙

昆虫 瓜实蝇、南亚果实蝇、橘小实蝇、番石榴果实蝇、油橄榄果实蝇、宽带果实蝇、南亚实蝇、桃果实蝇、地中海实蝇、纳塔尔小条实蝇、小条实蝇属、香蕉肾盾蚧、新菠萝灰粉蚧、南洋臀纹粉蚧、大洋臀纹粉蚧、松突圆蚧、苹果异形小卷蛾、石榴螟、苹果绵蚜
真菌 咖啡浆果炭疽病菌、苹果树炭疽病菌、柑橘斑点病菌、柑橘冬生疫霉褐腐病菌、丁香疫霉病菌
原核生物 非洲柑橘黄龙病菌、柑橘溃疡病菌

C07 金橘

昆虫 橘小实蝇

D01 西瓜

昆虫 番石榴果实蝇、瓜实蝇、南亚果实蝇、橘小实蝇、辣椒果实蝇
真菌 瓜类果斑病菌

D02 哈密瓜

昆虫 瓜实蝇
真菌 南瓜角斑病菌

D03 香瓜

昆虫 番石榴果实蝇、橘小实蝇、瓜实蝇、南亚果实蝇

E01 百香果

昆虫 橘小实蝇、南亚果实蝇、大洋臀纹粉蚧、南洋臀纹粉蚧

E04 桑葚

昆虫 橘小实蝇

E05 草莓

昆虫 橘小实蝇

E12 葡萄

昆虫 番石榴果实蝇、橘小实蝇、昆士兰果实蝇、地中海实蝇、苹果异形小卷蛾、苹浅褐卷蛾、菠萝灰粉蚧、南洋臀纹粉蚧、苹叶瘿蚊
真菌 美澳型核果褐腐病菌
病毒及类病毒 啤酒花潜隐类病毒

E13 猕猴桃

昆虫 瓜实蝇、橘小实蝇、具条果实蝇、南洋臀纹粉蚧、大洋臀纹粉蚧

E14 番茄

昆虫 南亚果实蝇、瓜实蝇、橘小实蝇

原核生物 番茄溃疡病菌

E18 火龙果

昆虫 番石榴果实蝇、瓜实蝇、南亚果实蝇、橘小实蝇、辣椒果实蝇、番木瓜实蝇、印度果实蝇、新菠萝灰粉蚧、扶桑绵粉蚧、南洋臀纹粉蚧、大洋臀纹粉蚧、香蕉灰粉蚧

真菌 咖啡浆果炭疽病菌

F01 蕉

昆虫 番石榴果实蝇、橘小实蝇、番木瓜实蝇、具条果实蝇、南亚果实蝇、香蕉肾盾蚧、香蕉灰粉蚧、新菠萝灰粉蚧、大洋臀纹粉蚧

真菌 香蕉枯萎病菌（4 号小种和非中国小种）

F02 杨桃

昆虫 杨桃实蝇、番石榴果实蝇、橘小实蝇、辣椒果实蝇、番木瓜实蝇、地中海实蝇

真菌 美澳型核果褐腐病菌

F03 椰子

昆虫 双钩异翅长蠹、红棕象甲、大洋臀纹粉蚧

F05 槟榔

昆虫 四纹豆象、巴西豆象、双钩异翅长蠹、大洋臀纹粉蚧

F07 椰枣

昆虫 地中海实蝇

F08 牛油果

昆虫 橘小实蝇、番木瓜实蝇、黑羽小条实蝇、纳塔尔小条实蝇、苹果异形小卷蛾、猕猴桃举肢蛾

F10 杨梅

真菌 美澳型核果褐腐病菌

F11 荔枝

昆虫 橘小实蝇、番石榴果实蝇、番荔枝果实蝇、宽带果实蝇、具条实蝇、南亚果实蝇、纳塔尔小条实蝇、

南洋臀纹粉蚧、大洋臀纹粉蚧

F12 龙眼

昆虫 橘小实蝇、南亚果实蝇、番石榴果实蝇、杨桃实蝇、瓜实蝇、番木瓜实蝇、瑞丽果实蝇、南洋臀纹粉蚧、大洋臀纹粉蚧、新菠萝灰粉蚧

真菌 美澳型核果褐腐病菌

F13 红毛丹

昆虫 橘小实蝇、番石榴果实蝇、杨桃实蝇、辣椒果实蝇、番木瓜实蝇、新菠萝灰粉蚧、扶桑绵粉蚧、南洋臀纹粉蚧、大洋臀纹粉蚧

F14 山竹

昆虫 番石榴果实蝇、橘小实蝇、南亚果实蝇、新菠萝灰粉蚧、南洋臀纹粉蚧、大洋臀纹粉蚧、七角星蜡蚧

F16 莲雾

昆虫 西印度按实蝇、蒲桃果实蝇、槟榔实蝇、杨桃实蝇、番石榴果实蝇、瓜实蝇、南亚果实蝇、橘小实蝇、入侵果实蝇、辣椒果实蝇、木瓜实蝇、宽带果实蝇、具条实蝇、桃果实蝇、地中海实蝇、新菠萝灰粉蚧、大洋臀纹粉蚧

F17 蒲桃

昆虫 番石榴果实蝇、橘小实蝇

F18 番石榴

昆虫 番荔枝果实蝇、杨桃实蝇、番石榴果实蝇、瓜实蝇、南亚果实蝇、橘小实蝇、入侵果实蝇、辣椒果实蝇、番木瓜实蝇、具条实蝇、昆士兰果实蝇、桃果实蝇、地中海实蝇、芒果小条实蝇、宽带果实蝇、新菠萝灰粉蚧、南洋臀纹粉蚧、大洋臀纹粉蚧

F21 拐枣

昆虫 蔗扁蛾

F22 柿子

昆虫 瓜实蝇、橘小实蝇、昆士兰果实蝇、地中海实蝇、南洋臀纹粉蚧、大洋臀纹粉蚧

F23 石榴

昆虫 杨桃实蝇、番石榴果实蝇、瓜实蝇、橘小实蝇、入侵果实蝇、辣椒果实蝇、桃果实蝇、黑羽小条实蝇、地中海实蝇、苹果蠹蛾、石榴螟、南洋臀纹粉蚧、大洋臀纹粉蚧

F24 波罗蜜

昆虫 橘小实蝇、面包果实蝇、新菠萝灰粉蚧、南洋臀纹粉蚧、大洋臀纹粉蚧

F26 无花果

昆虫 番石榴果实蝇、瓜实蝇、橘小实蝇、地中海实蝇、埃塞俄比亚寡鬃实蝇、无花果蜡蚧

F27 芒果

昆虫 南美按实蝇、西印度按实蝇、蒲桃果实蝇、番荔枝果实蝇、槟榔实蝇、杨桃实蝇、番石榴果实蝇、瓜实蝇、南亚果实蝇、橘小实蝇、入侵果实蝇、辣椒果实蝇、芒果实蝇、木瓜实蝇、菲律宾实蝇、具条实蝇、桃果实蝇、黑羽小条实蝇、地中海实蝇、芒果小条实蝇、纳塔尔小条实蝇、新菠萝灰粉蚧、南洋臀纹粉蚧、大洋臀纹粉蚧、芒果果肉象甲、印度芒果果核象甲、芒果果核象

原核生物 芒果黑斑病菌

F29 人面子

昆虫 番木瓜实蝇、杨桃实蝇、番石榴果实蝇、橘小实蝇、南洋臀纹粉蚧、大洋臀纹粉蚧

F32 番荔枝

昆虫 杨桃实蝇、番石榴果实蝇、瓜实蝇、橘小实蝇、入侵果实蝇、辣椒果实蝇、芒果实蝇、番木瓜实蝇、宽带果实蝇、地中海实蝇、芒果小条实蝇、纳塔尔实蝇、新菠萝灰粉蚧、南洋臀纹粉蚧、大洋臀纹粉蚧、谷实夜蛾

真菌 可可花瘿病菌

F34 刺果番荔枝

昆虫 橘小实蝇、番木瓜实蝇、大洋臀纹粉蚧

F35 榴莲

昆虫 番石榴果实蝇、瓜实蝇、橘小实蝇、木瓜实蝇、面包果实蝇、四纹豆象、新菠萝灰粉蚧、南洋臀纹粉蚧、大洋臀纹粉蚧、苹果绵蚜

F37 油甘子

昆虫 橘小实蝇

F38 龙贡

昆虫 橘小实蝇、番石榴果实蝇、番木瓜实蝇、新菠萝灰粉蚧、南洋臀纹粉蚧、大洋臀纹粉蚧

真菌 美澳型核果褐腐病菌

F40 蛋黄果

昆虫 橘小实蝇、番石榴果实蝇、番木瓜实蝇

F42 人心果

昆虫 番石榴果实蝇、橘小实蝇、番木瓜实蝇

F43 牛奶果

昆虫 番石榴果实蝇、橘小实蝇、辣椒果实蝇、番木瓜实蝇

F47 橄榄

昆虫 黑脊实蝇、番木瓜实蝇

F49 菠萝

昆虫 橘小实蝇、番木瓜实蝇、新菠萝灰粉蚧、松突圆蚧、大洋臀纹粉蚧、南洋刺粉蚧

F50 番木瓜

昆虫 南亚果实蝇、橘小实蝇、大洋臀纹粉蚧

F51 酸角

昆虫 橘小实蝇

G01 大豆

昆虫 菜豆象、鹰嘴豆象、四纹豆象、灰豆象、巴西豆象、可可豆象
真菌 大豆北方茎溃疡病菌、大豆疫霉病菌
病毒及类病毒 菜豆荚斑驳病毒
杂草 豚草、三裂叶豚草、刺蒺藜草、尼日利亚草、南方菟丝子、齿裂大戟、薇甘菊、黑高粱、飞机草、假高粱（及其杂交种）、刺苍耳

G02 红豆

昆虫 鹰嘴豆象、四纹豆象、巴西豆象、菜豆象、谷斑皮蠹
杂草 豚草、齿裂大戟、假高粱（及其杂交种）

G03 绿豆

昆虫 菜豆象、鹰嘴豆象、四纹豆象、灰豆象、巴西豆象、谷斑皮蠹、拟肾斑皮蠹、微扁谷盗
杂草 豚草、三裂叶豚草、法国野燕麦、南方菟丝子、刺亦模、飞机草、齿裂大戟、假高粱（及其杂交种）、苍耳属（非中国种）、刺苍耳

G04 黑绿豆

昆虫 四纹豆象

G05 赤小豆

昆虫 四纹豆象、可可豆象、巴西豆象、菜豆象、鹰嘴豆象

杂草 南方菟丝子

G06 眉豆

昆虫 鹰嘴豆象、四纹豆象、灰豆象、罗得西亚豆象、可可豆象、巴西豆象、红脂大小蠹

线虫 根结线虫

杂草 尼日利亚草、齿裂大戟

G07 豆角

昆虫 瓜实蝇、中对长小蠹、四纹豆象、鹰嘴豆象

G08 菜豆

昆虫 菜豆象、鹰嘴豆象、四纹豆象、灰豆象、巴西豆象

病毒及类病毒 菜豆荚斑驳病毒、南方菜豆花叶病毒、番茄黑环病毒、番茄斑萎病毒

线虫 长针线虫属（传毒种类）

杂草 南方菟丝子

G09 四季豆

昆虫 四纹豆象

G11 棉豆

昆虫 四纹豆象

G12 鹰嘴豆

昆虫 菜豆象、鹰嘴豆象、四纹豆象、灰豆象、罗得西亚豆象、巴西豆象、谷斑皮蠹、大谷蠹、咖啡果小蠹

杂草 法国野燕麦、南方三棘果、皱匕果芥、黑高粱、假高粱（及其杂交种）

G13 豌豆

昆虫 四纹豆象、鹰嘴豆象、菜豆象、罗得西亚豆象、咖啡果小蠹、灰豆象、巴西豆象

真菌 十字花科蔬菜黑胫病菌、葡萄茎枯病菌、豌豆脚腐病菌

原核生物 豌豆细菌性疫病菌

病毒及类病毒 南芥菜花叶病毒

杂草 法国野燕麦、长芒苋、西部苋、糙果苋、豚草、三裂叶豚草、不实野燕麦、硬雀麦、刺蒺藜草、疏花蒺藜草、南方三棘果、齿裂大戟、野莴苣、皱匕果芥、假高粱（及其杂交种）、加拿大苍耳、南美苍耳、北美苍耳、西方苍耳、宾州苍耳、刺苍耳、欧洲苍耳

G14 蚕豆

昆虫 菜豆象、四纹豆象、谷斑皮蠹

杂草 法国野燕麦

G15 扁豆

昆虫 四纹豆象、灰豆象、巴西豆象、鹰嘴豆象、菜豆象、可可豆象、罗得西亚豆象、谷斑皮蠹

杂草 法国野燕麦、齿裂大戟、假高粱（及其杂交种）、毒麦

G16 小扁豆

昆虫 四纹豆象、灰豆象、鹰嘴豆象

杂草 毒麦

G17 花生

昆虫 四纹豆象、花生豆象、鹰嘴豆象、菜豆象、巴西豆象、拟肾斑皮蠹、谷斑皮蠹

杂草 刺苍耳、宽叶高加利、刺蒺藜草

G19 直生刀豆

昆虫 巴西豆象、四纹豆象、双钩异翅长蠹

G22 木豆

昆虫 四纹豆象、谷斑皮蠹

参考文献

高杰，高春翔，2016．相似树种的辩证识别［M］．北京：中国林业出版社．

黄丽棉，2016．野果游乐园［M］．北京：商务印书馆．

罗国光，2007．果树词典［M］．北京：中国农业出版社．

吴德邻，2009．广东植物志［M］．广东：广东科技出版社．

吴征镒，2004．中国植物志［M］．北京：科学出版社．

邢福武，陈红锋，2014．中国热带雨林地区植物图鉴：海南植物［M］．湖北：华中科技大学出版社．

徐晔春，2009．观叶观果植物 1000 种经典图鉴［M］．吉林：吉林科学技术出版社．

亚当•李斯•格尔纳，2011. 水果猎人 [M]．北京：生活•读书•新知三联书店．

杨庆文，董玉琛，刘旭，2013．中国作物及其野生近缘植物（名录卷）［M］．北京：中国农业出版社．

杨晓洋，2018．东南亚水果猎人——不乖书生与水果的热恋之旅•初识［M］．背景：中国农业出版社．

张静秋，郑作良，郑明慧，等，2016. 规范水果中文名称 促进植检工作发展 [J]．植物检疫，30（5）：20-22.

郑万钧，2004．中国树木志［M］．北京：中国林业出版社．

朱太平，2007．中国资源植物［M］．北京：科学出版社．

Wolfgang Stuppy，Rob Kesseier，2015. 植物王国的奇迹：果实的奥秘 [M]．北京：人民邮电出版社．